高等院校计算机**任务驱动教改**教材

C语言实验指导

——基于程序设计的在线评判系统

陈荣钦　主　编　王爱冬　副主编

U0227878

清华大学出版社
北京

内 容 简 介

本书共分为三章，第 1 章主要介绍了实验环境，对几种常见的 C 语言开发工具及实验平台(TOJ)的使用进行了详细的介绍；第 2 章为基础应用，每个实验都在实验平台(TOJ)中精选了适合课程学习的题目，并有不同程度的提示帮助读者完成题目，非常适合于计算机及非计算机专业 C 语言的实验教学；第 3 章为高级应用，引入了程序设计竞赛中较为常见的基础算法，并配合相关的练习题。

本书适合本科及高职高专计算机相关专业学生阅读，也适合计算机初学者学习。

图书在版编目(CIP)数据

C 语言实验指导：基于程序设计的在线评判系统/陈荣钦主编.--北京：清华大学出版社，2015(2022.7重印)
高等院校计算机任务驱动教改教材
ISBN 978-7-302-41022-5

Ⅰ. ①C… Ⅱ. ①陈… Ⅲ. ①C 语言—程序设计—高等学校—教材 Ⅳ. ①TP312

中国版本图书馆 CIP 数据核字(2015)第 169477 号

责任编辑：张龙卿
封面设计：徐日强
责任校对：袁 芳
责任印制：宋 林

出版发行：清华大学出版社
　　　　网　　　址：http://www.tup.com.cn，http://www.wqbook.com
　　　　地　　　址：北京清华大学学研大厦 A 座　　　　　　邮　　编：100084
　　　　社 总 机：010-83470000　　　　　　　　　　　　　邮　　购：010-62786544
　　　　投稿与读者服务：010-62776969，c-service@tup.tsinghua.edu.cn
　　　　质量反馈：010-62772015，zhiliang@tup.tsinghua.edu.cn

印 装 者：北京国马印刷厂
经　销：全国新华书店
开　本：185mm×260mm　　　　印　张：9.5　　　　字　数：229 千字
版　次：2015 年 10 月第 1 版　　　　　　　　　　　印　次：2022 年 7 月第 7 次印刷
定　价：35.00 元

产品编号：065676-02

前　言

随着我国信息化进程的推进,各行各业对 IT 人才的需求量日益增加,计算机专业已成为我国第一大专业。然而,随着就业形势的日益严峻,计算机类专业本科毕业生就业难的问题开始凸显,一方面毕业生找不到满意的工作,另一方面用人单位感慨招不到适合需要的专业人才。调研表明,用人单位普遍反映计算机类应届毕业生存在以下几个较为突出的问题。

(1) 应聘简历中课程繁多,但学生缺乏专业核心竞争力。

(2) 缺乏解决实际问题的能力。

(3) 缺乏创新意识和能力。

(4) 自主学习能力偏差。

(5) 普遍缺乏沟通和团队协作能力。

而其中程序设计能力是计算机专业学生最主要的核心竞争力之一,没有程序设计基础就无法更好地深入掌握计算机学科知识。学生程序设计能力的培养主要通过程序设计类课程实验教学、课外自主实践、项目实践等环节得以实现。而 C 语言作为程序设计类课程的第一门基础课,其教学效果的好坏往往直接关系到人才培养的成败,多数学生因没学好 C 语言课程而开始厌恶程序设计,因此影响了后续课程的学习,影响了专业能力的培养。

近几年 ACM/ICPC 国际大学生程序设计竞赛在我国相当火热,大部分程序爱好者对其充满了热情,很多参赛者也在就业和考研中证明了自己的实力,得到了单位的认可。同时不少高校也都建立了自己的在线评测(Online Judge,OJ)系统,2008 年以来,我们建立并不断完善了"台州学院在线程序设计综合实验平台(http://acm.tzc.edu.cn,简称 TOJ)",并在 C 语言中探索如何使用 OJ 系统来进行实验教学,结果证明 OJ 系统在实验教学中的普及,极大地提高了学生的程序设计能力,我校学生也在省程序设计竞赛中连续取得了优异的成绩。

OJ 系统的使用在提高教学效果的同时,总体上却减轻了教师的教学负担。但我们也发现,由于缺乏相应的实验指导教材,学生在入门学习阶段遇到的问题较多,一部分学生在学习过程中需要教师更多地进行课外辅导,而市面上大部分的竞赛辅导教材并不适合于普通学生学习 C 语言。本书就是在这种情况下编写的。

本书共分为三章,第 1 章主要介绍了实验环境,对几种常见的 C 语言开发工具及 TOJ 的使用进行了详细的介绍。第 2 章为基础应用,每个实验都在 TOJ 中精选了适合课程学习的题目,并有不同程度的提示帮助读者完成题目,非常适合于计算机及非计算机专业 C 语言的实验教学。第 3 章为高级应用,引入了程序设计竞赛中较为常见的基础算法,并配合了 TOJ 相关的练习题。每个题目都使用"TOJ+题号+标题"的形式给出,读者可以通过题号或者标题在 TOJ 中搜索到相应题目。

本书是在台州学院 ACM 集训队活动的基础上长期积累而成的,对台州学院集训队队员们以及在 TOJ 上长期做题的选手表示由衷的感谢。

由于水平有限,书中难免存在表达不当甚至错误之处,恳请读者给本书多提宝贵意见。编者 E-mail:chen_rongqin@163.com。

编　者

2015 年 4 月

目　录

第1章 实验环境介绍

1.1 程序设计实践平台

1.1.1 平台简介

学习 C 语言最佳的方式是动手实践,一般遵照"分析问题,设计算法,编写代码,反复调试"的步骤学习,在线程序设计实践平台正是提供了这样的学习环境。本书结合台州学院在线程序设计综合实验平台(http://acm.tzc.edu.cn,以下简称 TOJ)编写,相关的实验教学过程均可在实验平台进行。平台目前拥有大量适合于 C 语言学习的中英文题目,并有难度估计、题目分类,有利于初学者循序渐进学习。系统主要功能如下。

(1) 用户管理:提供新用户注册及更新、加入班级和团队、用户排名和班级排名等功能。

(2) 题目管理:允许用户在线提交答案、永久保存并查看源代码、上传题目等。

(3) 在线比赛:自由参加在线竞赛并根据排名获取积分、自己组织比赛、撰写解题报告等。

(4) 实验管理:提供实验教学环境,在线完成实验题目、撰写实验报告、教师批改和打印、自动统计实验成绩和平时成绩等。

(5) 在线交流:提供站内邮件、Web 交流群、讨论版、论坛和公告等内容进行在线交流。

(6) 通关游戏:通过通关方式,让学生在游戏中体会解题的快乐。

(7) 趣味活动:使用积分参与礼品兑换、图书借阅、竞赛竞猜等趣味活动。

用户在系统中解题的基本流程如图 1-1 所示。

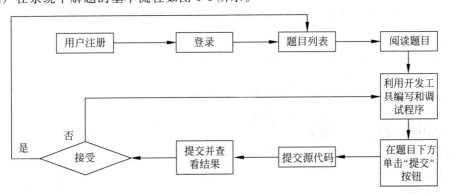

图 1-1 用户解题基本流程

1.1.2　在线实验教学的基本流程

实验平台提供的实验教学模块能基本满足"C语言程序设计"课程的实验教学,可为教师提供更多班级管理功能,通过排名更容易了解学生的学习情况。基本流程如图1-2所示。

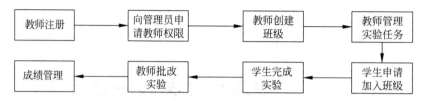

图1-2　实验教学模块基本流程

（1）教师注册及权限申请:教师先注册自己的账号,并联系管理员申请权限。

（2）创建班级:通过个人菜单进入教师管理主页创建班级,填写基本信息。

（3）发布实验:进入相应班级中的实验模块,发布实验任务,并添加相关实验题目。

（4）添加学生:教师无权自行添加,需告知学生在班级页面中加盟,并通过教师后台审核。

（5）学生实验:学生通过个人菜单进入"实验"模块（首次审核可能需要重新登录）,完成相关题目,并填写实验报告。

（6）批改实验:教师可以查看学生题目完成情况,并批改实验报告。

（7）成绩管理:教师可以管理学生的平时成绩、实验成绩等,并可以打印输出。另外,教师可以在教学中创建班级比赛,并导出相关成绩。

1.1.3　TOJ 测试数据处理

实验平台的评判原理是通过后台大量测试数据来评测用户提交的程序,若程序能通过所有数据的测试,则认为程序是正确的。读题时需要注意题目输入/输出是单组还是多组,在处理多组数据时,用户只需要遵照"输入一组、处理一组、输出一组"的模式进行,无须一次性输入所有组数据。多组测试数据的输入主要分为以下几种情况。

（1）已知测试数据组数

如 TOJ1077 题目所介绍,数据的第一行是一个整数 t,表示测试数据的组数。接下来有 t 组测试数据,这种情况下测试数据的组数已知,只需计数即可,代码结构如下:

```
scanf(" % d", &t);
while(t--){      //t 值不断减小,到 0 时结束循环
                 //每组数据输入
                 //处理后输出一组数据
}
```

【TOJ1077：输入入门（1）】

题目描述

计算 $A+B$。

输入描述

输入第 1 行为一个整数 $n(1 \leqslant n \leqslant 10)$,代表测试的组数。下面有 n 组测试数据,每组

一行,为两个整数 A、B。

输出描述

输出 $A+B$ 的值。

样例输入	样例输出
2	3
1 2	7
3 4	

 参考程序

```
# include < stdio. h>
int main()
{
    int a, b, t;
    scanf("% d", &t);
    while(t -- )
    {
        scanf("% d% d", &a, &b);
        printf("% d\n", a + b);
    }
    return 0;
}
```

(2) 有结束标志

一般题目中说以某某数据结束都属于此类。如 TOJ1078 描述为输入数据有多组,以 0 0 结束,这种情况下测试数据组数未知,但在数据文件的结尾有一个结束标志,代码结构如下:

```
while(scanf("% d% d", &a, &b), a || b)//a||b 即 a! = 0||b! = 0,则 a 或 b 中有一个为非 0
{
    //每组数据中还可能会有其他数据输入
    //处理后输出一组数据
}
```

【TOJ1078:输入入门(2)】

题目描述

计算 $A+B$。

输入描述

输入数据有多组。每组一行,为两个整数 A、B。输入以 0 0 结束。

输出描述

输出 $A+B$ 的值。

样例输入	样例输出
1 2	3
0 0	

 参考程序

```
# include <stdio. h>
int main(){
    int a, b;
    while(scanf("%d%d", &a, &b), a||b)
        printf("%d\n", a+b);
    return 0;
}
```

(3) 以 EOF 结束

输入数据有多组，以 EOF 结束，或者未告知数据组数，也没有结束标志的都属于此类。这种情况下，测试数据的组数是未知的，EOF(End of File)表示处理到文件结尾为止(测试数据在服务器以文件形式存在)。代码结构如下：

```
while(scanf("%d%d", &a, &b)!= EOF)
{
    //每组数据中还可能会有其他数据输入
    //处理后输出一组数据
}
```

EOF 在这里实际上定义为-1，用来判断 scanf 函数的返回结果。当 scanf 函数正常读取数据时，返回的值是读取的数据个数，如上例中正常应该返回 2。当读取到文件结束时，scanf 函数将返回值-1。因此也可以写成以下形式：

```
while(scanf("%d%d", &a, &b) == 2)
{
    //每组数据中还可能会有其他数据输入
    //处理后输出一组数据
}
```

当学完"数组"一章后，可能会碰到不断读入字符串并以 EOF 结束的情况。如果字符串中不含空格，则形式与上述代码一致；但若字符串中含有空格(如 TOJ4551)，则可能需要使用 gets 读取整行(scanf 碰到空格就结束 1 个数据的输入)，此时的处理形式为：

```
while(gets(str)!= NULL)    //NULL 即为 0,因此可以修改为 while(gets(str)),str 为字符数组名
{
    //每组数据的处理及输出
}
```

【TOJ1076：输入入门（3）】

题目描述

计算 $A+B$。

输入描述

输入数据有多组。每组一行，为整数 A、B。以 EOF 做结束。

输出描述

输出 $A+B$ 的值。

样例输入	样例输出
1 2	3
3 4	7

 参考程序

```c
#include <stdio.h>
int main(){
    int a, b;
    while(scanf("%d%d", &a, &b)!= EOF)
        printf("%d\n", a + b);
    return 0;
}
```

【TOJ4551：输入入门（4）】

题目描述

求字符串的长度。

输入描述

输入数据有多组，每行包含一个字符串，字符串可能包含空格字符。

输入直到文件结尾位置（即以 EOF 结束）。

输出描述

每组输出一个整数，即字符串的长度（包含空格字符在内）。

样例输入	样例输出
ab	2
a b	3
a b c	5

参考程序

```
# include < stdio. h >
# include < string. h >
int main(){
    char str[1001];
    while(gets(str)!= NULL)
        printf(" % d\n", strlen(str));
    return 0;
}
```

在处理多组数据的输出时,有时候需要正确地处理输出格式(如 TOJ1079),常见的输出格式有以下几种。

(1) 每组数据之间没有空行:这种情况下不需要特别处理。

(2) 每组数据之后有一个空行:这种情况下需要在每组之后输出换行符"printf("\n")"。

(3) 每组数据之间保留一个空行:这种情况下空行的数目比实际的数据组数要少 1 个,因此需要特别处理。基本思路是除了第一组数据之外,每组数据输出之前先输出 1 个空行。代码结构如下:

```
flag = 0;           //在没有任何输入时标记为 0
while(输入并检测结束条件)
{
    if(flag)        //第一组由于标记为 0,因此不输出空行,后面已经标记为 1,均要输出换行
        printf("\n");
    flag = 1;       //输入一组后标记为 1
    //输出一组数据

}
```

【TOJ1079：输出入门】

题目描述

计算 $A+B$。

输入描述

输入数据有多组。每组一行,为两个整数 A、B。输入以 0 0 结束。

输出描述

输出 $A+B$ 的值,每组数据之间保留一个空行。

样例输入	样例输出
1 2	3
3 4	
0 0	7

 **参考程序**

```c
# include < stdio.h>
int main()
{
    int a, b, flag = 0;
    while(scanf(" % d % d", &a, &b), a||b){
        if(flag)
            printf("\n");
        flag = 1;
        printf("% d\n", a + b);
    }
    return 0;
}
```

1.1.4　常见错误及处理方法

实践平台中的评判结果若为 Accepted,表示程序已经完全通过了系统的测试数据,程序正确。除此之外,系统还给出了其他一些结果,其中以下几个不属于代码错误。

(1) Waiting(等待):系统正在做评判的准备工作,需稍等片刻再刷新浏览器查看结果。

(2) Judging(评判中):系统正在评判程序,需稍等片刻再刷新浏览器(一般为 F5 快捷键)查看结果。

(3) System Error(系统错误):系统内部出现错误,需及时与管理员联系。

以下结果一般为代码错误。

(1) Compile Error(编译错误):程序语法有问题,编译器无法编译,平台使用的编译器是 GNU GCC,在其他编译器上正常编译的程序并不能完全保证在 GCC 上正常编译。具体的出错信息可以单击“Compile Error 链接”查看,并根据提示信息修改错误。

(2) Output Limit Exceeded(输出超过限制):程序向控制台输出了太多信息,一般是因为程序存在死循环,而在死循环中存在输出语句,因此输出会超过限制。如 while(scanf("%d",&a))这种语句的出现,即使到了文件结尾也不会停止输入。

(3) Time Limit Exceeded(超时):程序运行的时间已经超出了这个题目的时间限制,可能算法效率太低,或者出现死循环耗时太多。

(4) Presentation Error(格式错误):程序的输出格式存在问题,需要检查程序的输出是否多了或者少了空格(' ')、制表符('\t')或者换行符('\n')。

(5) Wrong Answer(答案错误):程序已经正常运行并输出了结果,但答案错误,要注意每个题目的后台数据一般比较多,通过了样例中的数据并不等于程序正确,用户需要输入更多的数据(尤其是一些边界数据),并对程序进行仔细的测试。

(6) Runtime Error(运行时错误):运行时错误,一般是程序在运行期间执行了非法的操作造成的,表明程序在运行后台数据的过程中出现错误被非法中断。以下列出常见的错误类型。

• Runtime Error(ARRAY_BOUNDS_EXCEEDED)//数组越界。

• Runtime Error(DIVIDE_BY_ZERO)//除零,分母可能为 0,调试求余、相除的代码。

- Runtime Error(ACCESS_VIOLATION)//非法内存访问,可能使用了未分配的指针,或者数组下标错误而访问非法的内存空间。
- Runtime Error(STACK_OVERFLOW)//栈溢出,栈的空间一般只有2MB,可能定义的局部数组过大,或者递归函数调用太深。

(7) Memory Limit Exceeded(内存超过限制):程序运行的内存已经超出了这个题目的内存限制,可能分配的数组太大。

在碰到错误时,读者一般应该检查以下几个方面的问题。

(1) 阅读题目的输入/**输出描述**,仔细检查变量的类型是否完全一致,比如输入为小数的绝不能用整型变量输入;输入/输出中是否有其他特定的符号,字母的大小写是否有问题,有没有多余或缺少空行、空格,整数是否超过32位(二进制)等。

(2) 阅读题目的输入/**输出描述**,测试题目中的边界数据是否有问题,比如题目有要求1≤N≤100000之类的语句,应当测试N为1和100000时程序是否正确,数组定义是否够大等。

(3) 若碰到超时,仔细检查程序的效率,即最大的循环次数,一般情况下循环次数在百万、千万级别时,就应该要考虑是否是因为效率问题;否则应该考虑是否是死循环造成的,需要仔细检查循环条件(比如循环条件写错,循环内部修改了控制变量等)。

当整数超过32位(二进制)时,即某变量的值超过 $2^{31}-1=2147483647$,如果该变量值不超过 $2^{63}-1=9223372036854775807$,此时可以使用64位整型(二进制):

(1) Windows平台下为 long long 或 __int64(两个下划线),输出格式为%I64d,TOJ为该方式。

(2) Linux平台下为 long long,输出格式为%lld。

若整数值超过64位整型(二进制),此时应当使用数组形式来存储一个数,即使用数组的一个元素来存储一个数字,此时整数的各种运算都不能直接作用于数组上,需要逐位模拟。

1.1.5 C语言编程风格

C语言程序的编写风格虽然非常自由,但保持良好的编程风格对于团队开发和系统维护都有很大的帮助,因此遵循某种编程风格非常重要,以下是常见的基本编程风格。

(1) 代码缩进。在函数、选择结构、循环结构中,下一级的代码需要缩进,使程序结构清晰。在缩进时使用 Tab 键,而不是使用多个空格。

良好的风格	不好的风格

```int main(){```
`    int a, b, t;`
`    scanf(" % d", &t);`
`    while(t -- ){`
`        scanf(" % d % d", &a, &b);`
`        printf(" % d\n", a + b);`
`    }`
`    return 0;`
`}`
	```int main(){```
	`int a, b, t;`
	`scanf(" % d", &t);`
	`while(t -- ){`
	`scanf(" % d % d", &a, &b);`
	`printf(" % d\n", a + b);`
	`}`
	`return 0;`
	`}`

（2）短的语句也占一行，这样会让程序可读性更佳，并便于调试。

（3）大括号"{"和"}"也应尽量各占一行。

（4）变量名、函数名等标识符的命名应当做到见名知意，而且大小写风格应当一致。宏名、常量名一般全部使用大写，变量名一般全部使用小写，函数名中每个单词的首字符一般使用大写，其他字符使用小写。

（5）函数应当尽可能短小清晰，功能单一。

（6）二元运算符的两侧往往应增加空格，使表达式更加清晰；如 a＝b。

（7）函数定义、复杂的语句或语句块应当有适当的注释语句，用以解释程序的功能。

（8）表达式尽量简单，如果过于复杂，可以分成多个语句。

（9）尽量使用括号来决定优先级，而不是使用默认的优先级顺序。

（10）除非必需，尽量少用全局变量和静态局部变量。

（11）除非必需，尽量不用 goto 语句。

（12）编程风格不是绝对的，应该与整个团队的风格保持一致。

1.2　Microsoft Visual Studio 集成开发环境介绍

本节主要介绍如何通过 Visual C++ 6.0 创建、编写、编译、运行和调试一个简单的 C 语言程序，并简要阐述 Visual Studio 2012 创建应用程序的过程。

1.2.1　使用 Visual C++ 6.0 创建应用程序的基本步骤

1. 启动 Visual C++ 6.0

单击"开始"→Microsoft Visual Studio 6.0→Microsoft Visual C++ 6.0 命令，启动 Visual C++ 6.0 应用程序，其启动界面如图 1-3 所示。

2. 创建项目

Visual C++ 6.0 中的项目用来管理多个源文件，创建项目的方法是单击 File(文件)→New(新建)命令，在弹出的 New(新建)对话框中(见图 1-4)选择 Projects(项目)选项卡，并在列表中指定项目类型为 Win32 Console Application,在右侧的 Project name 项自行填写项目名称，在 Location 一栏单击"…"浏览按钮选择项目存放的路径(如本例中路径为 E:\demo1),然后单击 OK(确定)按钮，在后续弹出的对话框中依次单击 Finish(完成)按钮和 OK(确定)按钮完成一个空项目的创建。若要查看创建的项目文件，可进入项目所保存的文件夹中，找到 demo1.dsw 文件和 demo1.dsp 文件，其中扩展名为 .dsw 的文件为 workspace(工作区间)文件，用于管理多个 dsp 文件，一个 dsp 文件表示一个 project(项目)，它将管理后续步骤中加入的 .cpp 或 .c 源文件等，只要使用 Visual C++ 6.0 打开 dsw 文件，即可打开工作区间中创建的所有项目(注意：仅仅打开 .c 或 .cpp 文件，则无法打开对应的项目)。

3. 创建源程序文件

再次单击 File(文件)→New(新建)命令，打开 New(新建)对话框(见图 1-5)。此时选择 Files(文件)选项卡，并在文件类型列表中选择 C++ Source File,在右侧中，保证已经选中

9

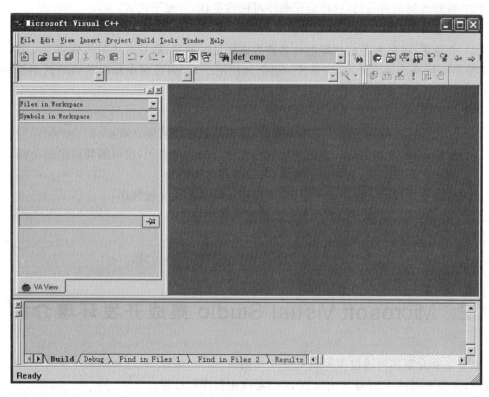

图 1-3 Visual Studio C++ 6.0 启动界面

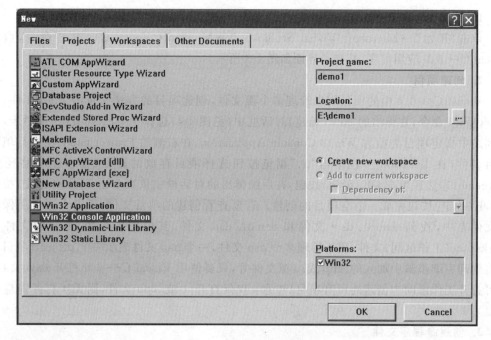

图 1-4 新建项目示意图

Add to project(表示将源程序文件加入项目中)复选框。在 File 文本框中输入文件名如 main.cpp(.cpp 是 C++语言源文件的后缀,C 语言源文件的后缀一般使用.c,但由于 C++兼容 C 语言,可以统一使用.cpp 作为扩展名)。在创建源文件时,Location 一项一般默认为当前的项目路径,最好不要改动。最后单击 OK 按钮完成源程序文件 main.cpp 的创建。可以在项目中创建多个源文件,但必须注意一个项目中只能有一个 main 函数。

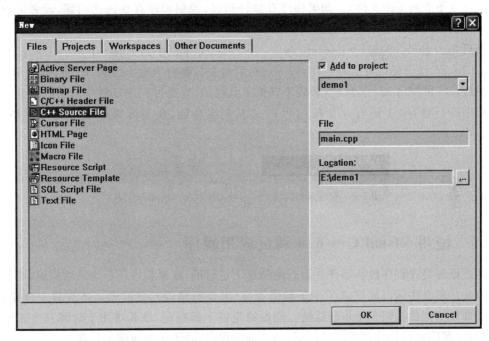

图 1-5　新建源文件示意图

4. 编写源程序

在 File View(文件视图)中找到 main.cpp 文件后,双击打开文件,就可以编辑源程序,比如输入最简单的"Hello,World!"程序代码如下。

 参考程序

```
# include < stdio. h>
int main()
{
    printf("Hello, World!\n");
    return 0;
}
```

5. 编译和运行程序

C 语言源程序实际上只是文本文件,因此需要通过 VC 编译器对其进行编译和链接,最终产生二进制代码才可以执行。方法是选择 Build(构建)→Build ××××.exe(如本例中为 Build demo1.exe)命令或者直接按 F7 功能键,此时 Visual C++ 先对所有源文件进行编译,产生目标文件,再与库文件进行链接,如果在底部的 Output(输出)窗口中显示如下信息。

```
demo1.exe - 0 error(s), 0 warning(s)
```

则表示程序没有错误,已经成功生成 demo1.exe 可执行程序(可以进入 E:\demo1\ Debug 目录下查找 exe 文件)。如果程序有编译错误,说明程序存在语法问题,读者可以参考附录一的常见错误提示进行修改,直到能够成功构建为止。

最后单击 Build(构建)→Execute ××××.exe(如本例中为 Execute demo1.exe)命令或按 Ctrl+F5 组合键即可启动程序,程序运行后将在控制台中输出结果,如图 1-6 所示。

另外,Build MiniBar 工具栏(若找不到该工具栏,可以通过在工具栏空白处右击并在弹出面板中进行选择)上还有几个按钮可以完成上述功能,在实际编程中会经常使用,如图 1-7 所示。

图 1-6　程序运行结果　　　　图 1-7　MiniBar 工具栏

1.2.2　使用 Visual C++ 6.0 调试应用程序

调试程序是在程序能够编译并运行的前提下进行的,如果程序还存在语法错误,必须先纠正语法。只有在运行后出现了不正确的答案(即逻辑错误),此时调试才变得十分重要。程序最常见的调试技巧为单步跟踪法。假设给定以下源程序,该程序用于计算三个正整数的平均数(程序每行最前面为行号标记,用于分析程序,并不属于程序的一部分)。

✖ 错误程序

```
1 #include <stdio.h>
2 int main()
3 {
4     int a, b, c;
5     double average;
6     scanf("%d%d%d", &a, &b, &c);        //输入三个整数
7     average = (a+b+c)/3;
8     printf("%.2f\n", average);          //将平均数保留2位小数
9     return 0;
10 }
```

但这个程序是错误的,当运行程序时输入:

1 3 4

输出为:

2.00

而正确答案应该为 2.67，此时找到了一组错误输入数据 1 3 4，使用单步跟踪法对其进行调试分析，从而断定是哪一条语句出错，基本步骤如下。

1. 设置断点（快捷键为 F9）

断点的作用是让程序在断点处临时中断，以便于程序员查看程序的执行情况。在 Visual C++ 6.0 中设置断点（或取消断点）的方法是将光标定位到某一行，并按 F9 功能键或者 MiniBar 工具栏中的"手形"按钮 ✋。如本例中在第 6 行设置了一个断点。

2. 启动调试（快捷键为 F5）

程序必须在调试模式下运行才能中断并查看执行过程。方法是按 F5 功能键或者单击 MiniBar 工具栏中的 Go 按钮 ⏭。程序启动后，将在第 6 行被中断。注意在运行模式下无法进行程序的调试，因此不可以直接单击 Build（构建）→Execute ××××.exe 命令或者按 Ctrl＋F5 组合键。

3. 单步执行（快捷键为 F10）

单步执行是指逐条语句地执行程序，在执行每一条语句时，可以通过查看变量值来推断语句是否正确。方法是按 F10 功能键，比如当程序在第 6 行的断点处中断后，再按 F10 功能键后程序就会运行第 6 行对应语句（注意，黄色箭头 ⇨ 所指示的语句表示当前语句并未执行，因此查看该条语句的结果需要先按 F10 功能键运行才行）。由于第 6 行调用的是 scanf 函数，此时程序会要求我们输入 3 个字符，因此需要切换到控制台并输入 3 个整数：

1 3 4

当按下 Enter 键后，程序就会执行完第 6 行语句并跳转到第 7 行语句。此时需要重新切换到程序界面，继续查看相关变量后，可以继续按 F10 功能键逐句往下执行语句，直到找到错误语句。

4. 查看变量

变量的查看对程序调试起关键作用，在单步执行中往往需要不断地查看各个变量的值，从而找出错误语句。在本例中，当程序运行到第 8 行时（即第 7 行已经执行，第 8 行还未执行，黄色箭头 ⇨ 位于第 8 行上），将鼠标光标定位到 average 变量之前或之中，右击，在弹出的快捷菜单中选择 QuickWatch 命令，将弹出 QuickWatch（快速查看）对话框，此时我们发现 average 的值是 2.0000000000000000，已经是错误的（见图 1-8），说明 average 的求值过程出错，关闭对话框后，选中右边表达式(a＋b＋c)，将鼠标在其上面停留片刻，便会弹出 (a＋b＋c)＝8 的提示（见图 1-9），说明求和没有问题，因此可以断定 8/3 在 C 语言中并不等于 2.67，而是去除了小数位，只保留整数 2。也就很容易将程序修正过来了。

另外，通过变量窗格也可以查看当前上下文变量的值。

5. 进入函数内部（可选，快捷键为 F11）

当程序中存在自定义函数时，若检测到函数内部出现问题，可以在程序运行到函数调用时按 F11 功能键进入函数内部调试（也可以在函数内部某一条语句上设置断点，直接按 F5 功能键进入）。

6. 退出函数（可选，快捷键为 Shift＋F11）

当程序中存在自定义函数的调用并已经进入函数内部调试时，若需要跳过函数后面代码的调试，可以直接按 Shift＋F11 组合键退回到函数调用处。

QuickWatch
Expression:
average
Current value:
Name
Value
average
2.0000000000000000
Recalculate
Add Watch
Close

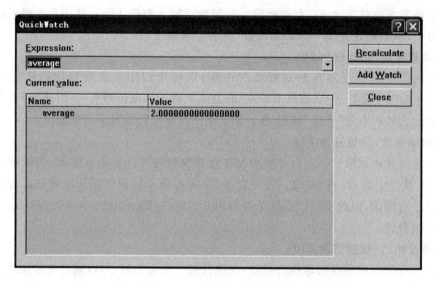

图 1-8　QuickWatch 对话框

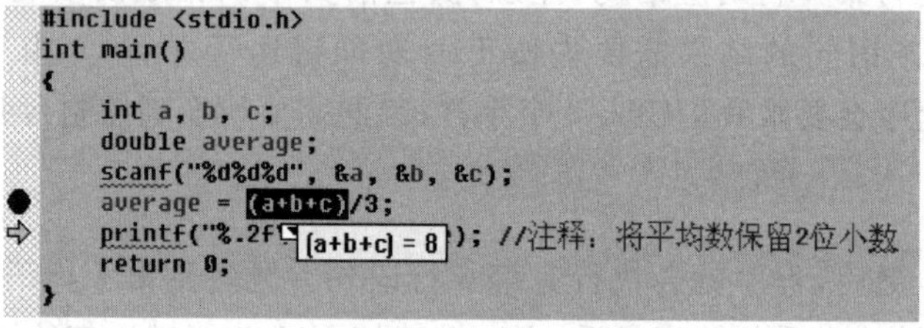

#include <stdio.h>
int main()
{
int a, b, c;
double average;
scanf("%d%d%d", &a, &b, &c);
average = (a+b+c)/3;
printf("%.2f
(a+b+c) = 8
); //注释：将平均数保留2位小数
return 0;
}

图 1-9　查看变量或表达式值

1.2.3　使用 Visual Studio 2012 创建应用程序的基本步骤

Visual Studio 2012 是微软推出的一款功能强大的开发工具，使用 Visual Studio 2012 创建应用程序的基本步骤如下：

(1) 启动 Visual Studio 2012 应用程序。

(2) 创建项目：选择“文件”→“新建”→“项目”命令，弹出如图 1-10 所示的对话框，在对话框中找到 Visual C++ 项，如可能的路径是“已安装”→“模板”→“其他语言”→Visual C++，在右侧选择“空项目”，下方输入名称如 CDemo1，单击“浏览”按钮并选择保存路径(如 D:\)，最后单击“确定”按钮。

(3) 添加源文件：在“解决方案资源管理器”中右击并选择项目名称如 CDemo1，在弹出的快捷菜单中选择“添加”→“新建项”命令，将弹出“添加新项”对话框，如图 1-11 所示，选择 C++ 文件(.cpp)，并输入名称如 main.cpp。

(4) 运行并调试程序：源码编辑完成后，单击“生成”→“生成解决方案”命令，将对解决方案中的应用程序进行编译和链接，单击“调试”→“开始执行(不调试)”命令，即可运行程序。若要对程序进行调试，调试方法以及相应的快捷键都与 Visual C++ 6.0 基本一致。

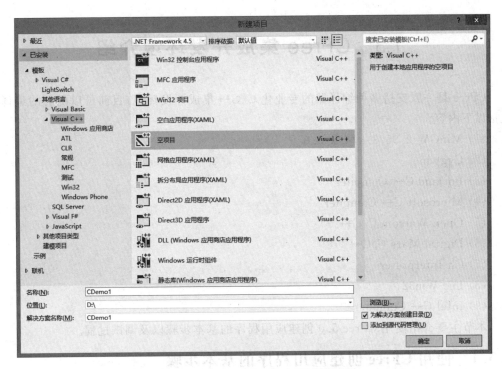

图 1-10　用 Visual Studio 2012 创建项目

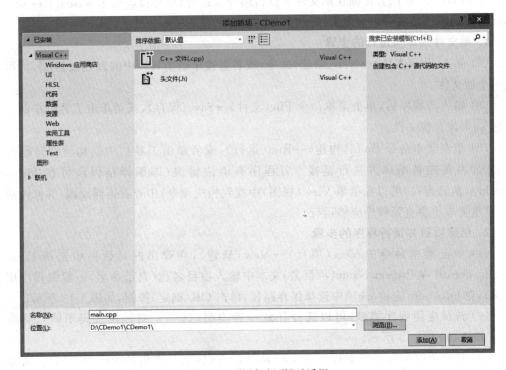

图 1-11　"添加新项"对话框

1.3 CFree 集成开发环境介绍

CFree 是一款支持多种编译器的专业化 C/C++集成开发环境,目前可以配置的编译器包括以下内容。

(1) MinGW 2.95/3.x/4.x/5.0

(2) Cygwin

(3) Borland C++ Compiler

(4) Microsoft C++ Compiler

(5) Open Watcom C/C++

(6) Digital Mars C/C++

(7) Ch Interpreter

(8) Lcc-Win32

(9) Intel C++ Compiler

本节主要介绍使用 CFree 5.0 创建应用程序的基本步骤以及调试过程。

1.3.1 使用 CFree 创建应用程序的基本步骤

在 CFree 中,可以直接创建单文件并进行编译及运行,也可以类似于 Visual C++ 6.0 中那样通过创建项目来管理多个文件。

1. 单文件编译与运行的步骤

(1) 单击 File(文件)→New(新建)命令,或者直接单击工具栏中的新建按钮 ,即可创建一个源文件。

(2) 输入源程序后,单击菜单命令 File(文件)→Save(保存),或者单击工具栏中的保存按钮 来保存源文件。

(3) 单击菜单命令 Build(构建)→Run(运行),或者单击工具栏中的构建并运行按钮 ,程序将首先被编译并进行链接。若程序有语法错误(即编译错误),可在 Message Window(消息窗口,可以在菜单 View(视图)中找到相应命令)中查看错误原因,并修改源程序,可重复本步骤直到程序能够运行。

2. 创建项目并运行程序的步骤

(1) 单击菜单命令 Project(项目)→New(新建),在弹出的对话框中选择 Console Application,并在 Project Name(项目名)文本中输入项目名称(自己命名,一般跟程序用途相关),在 Location(定位)选项中选择保存路径,单击 OK(确定)按钮,如图 1-12 所示。

(2) 选择应用程序类型,可以选择任意一种类型(区别是初始源代码不同),并单击 Next 按钮,如图 1-13 所示。

(3) 选择语言类型。其支持 C 和 C++两种语言(区别是产生的源代码不同)。再单击 Next 按钮,如图 1-14 所示。

(4) 选择编译器选项。使用不同的选项,所调用的编译器不同(有些编译器在系统中需另外安装),各种编译器的用法大同小异,读者可以根据自己的情况自由选择,如图 1-15 所示。

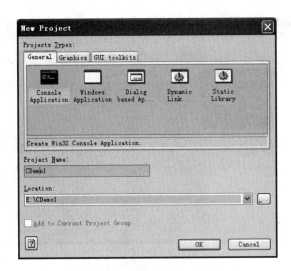

图 1-12　在 CFree 中创建项目

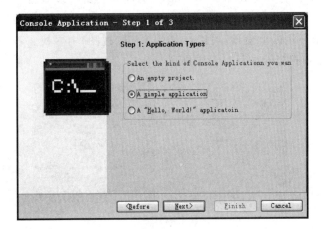

图 1-13　选择应用程序类型

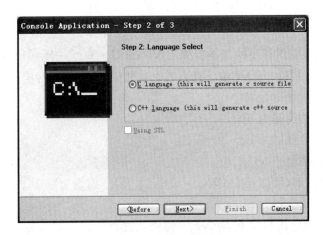

图 1-14　选择语言类型

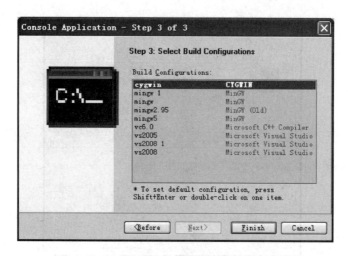

图 1-15　选择编译器

（5）编写源代码。打开 File List Window（文件列表窗口），双击相应的文件如（main. c 或 main. cpp 等）或者打开 Class Window（类窗口），双击 main 函数，即可编辑源代码，如图 1-16 所示。若未显示以上窗口，可以在菜单 View（视图）中寻找。若需要多个文件，再创建一个文件并保存到相应的项目目录中即可。

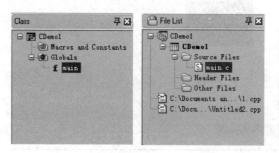

图 1-16　类窗口和文件列表窗口

1.3.2　使用 CFree 调试应用程序

在 CFree 中调试应用程序的基本步骤与 Visual C++ 6.0 一样，但 CFree 使用的快捷键有所不同，可以在调试（Debug）菜单下查看各个快捷键，各个功能对应的快捷键如下：

（1）设置断点（快捷键为 F10）。

（2）启动调试（快捷键为 F9）。

（3）单步执行（快捷键为 F8）。

（4）查看变量，类似于 VC 6.0。

（5）进入函数内部（快捷键为 F7）。

（6）退出函数（快捷键为 Shift+F7）。

下面举例来说明应用程序在 CFree 中的调试过程。程序的功能是求 n 个小数的平均值，错误数据如下。

输入：

3
1 2 3

输出：

－6.00

正确输出为：

2.00

 错误程序

```
 1 #include<stdio.h>
 2 int main() {
 3   int n;
 4   double a, sum = 0;
 5   scanf("%d", &n);
 6   while(n--){
 7     scanf("%lf", &a);
 8     sum = sum + a;
 9   }
10   printf("%.2lf\n", sum/n);
11   return 0;
12}
```

调试过程如下：

(1) 在某行行号(本例中为 7)前单击或者按 F10 功能键设置断点,如图 1-17 所示。

```
 1 #include<stdio.h>
 2 int main()
 3 {
 4     int n;
 5     double a,sum=0;
 6     scanf("%d",&n);
 7     while(n--)
 8     {
 9         scanf("%lf",&a);
10         sum=sum+a;
11     }
12     printf("%.2lf\n",sum/n);
13     return 0;
14 }
15
```

图 1-17　在 CFree 中设置断点

(2) 单击菜单项"调试"→"启动调试"或者按 F9 功能键启动调试功能,由于本例中断点所在语句之前有 scanf("%d", &n),需要在控制台中输入一个 n 的值(本例中输入 3),按 Enter 键后程序在断点处中断,其中蓝色条框所在行的语句是尚未运行(正准备执行)的语句,如图 1-18 所示。将鼠标光标移动到某变量上稍等片刻,将会出现变量的值,如本例中此时的值为 n=3。

(3) 按 F8 功能键执行单步执行,蓝色条框将转移到下一个语句,此时查看变量 n 的值为 n=2,因为已经执行了一句 n,即 n=n−1,n 由 3 变成了 2。继续按 F8 功能键单步执行

```
 1 #include<stdio.h>
 2 int main()
 3 {
 4     int n;
 5     double a,sum=0;
 6     scanf("%d",&n);
 7     while(n--)
 8     {          n = 3
 9         scanf("%lf",&a);
10         sum=sum+a;
11     }
12     printf("%.2lf\n",sum/n);
13     return 0;
14 }
15
```

图 1-18   CFree 程序的中断执行

程序,碰到 scanf 时在控制台输入相应值,并不断地跟踪各个变量值。在循环执行完毕后到第 12 行时,检查 sum 的值为 6 则正常,但选中 sum/n 并稍停片刻,提示的数值不正常,如图 1-19 所示。通过分析 n 变量的值,发现 n 已经变成了 0,不再是原来的 3,因此无法求平均值。

```
 1 #include<stdio.h>
 2 int main()
 3 {
 4     int n;
 5     double a,sum=0;
 6     scanf("%d",&n);
 7     while(n--)
 8     {
 9         scanf("%lf",&a);
10         sum=sum+a;
11     }
12     printf("%.2lf\n",sum/n);
13     return 0;        sum/n = -6
14 }
15
```

图 1-19   CFree 中查看变量值

其中一个解决方法是,在循环之前先记录 n 的值并保存到另一个变量 n1 中。

 参考程序

```c
#include< stdio.h>
int main(){
    int n, n1;
    double a, sum = 0;
    scanf(" % d",&n);
    n1 = n;
    while(n-- ){
        scanf(" % lf",&a);
        sum = sum + a;
    }
    printf(" % .2lf\n",sum/n1);
    return 0;
}
```

1.4　Code :: Blocks 集成开发环境介绍

Code :: Blocks 是一款支持 C/C++等多种语言编辑的跨平台开发工具,兼容 Windows 2000/XP/Vista/7/8、Linux 32/64、Mac OS 等多种操作系统。ACM/ICPC 各个洲的区预赛(中国内地共 5 个)已经将 Code :: Blocks 作为比赛环境的标准配置(一般基于 Linux 操作系统)。

1.4.1　使用 Code :: Blocks 创建应用程序的基本步骤

Code :: Blocks 可以直接创建单文件并进行编译及运行,也可以类似于在 Visual C++ 6.0 中创建项目来管理多个文件。

1. 单文件编译与运行的步骤

(1) 单击菜单命令 File(文件)→New(新建)→File(文件),或者直接单击工具栏中的新建按钮,在弹出的菜单中选择 File(文件),然后在弹出的对话框中选择"C/C++ source"并单击 Go 按钮,如图 1-20 所示,再在随后的对话框中单击 Next 按钮。

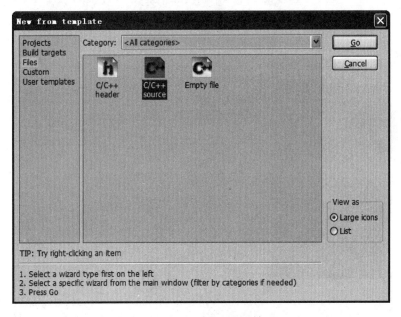

图 1-20　创建源文件

(2) 选择源文件类型,并单击 Next 按钮,如图 1-21 所示。

(3) 单击"…"按钮并选择源文件的保存路径,选项 Add file to active project In build target(s)可将当前文件加入项目中,不必选中,单击 Finish 按钮,如图 1-22 所示。

(4) 输入源程序后,单击菜单命令 File(文件)→Save File(保存文件),或者单击工具栏中的保存按钮保存源文件。

(5) 单击菜单命令 Build(构建)→Run(运行),或者单击工具栏中的构建并运行按钮

21

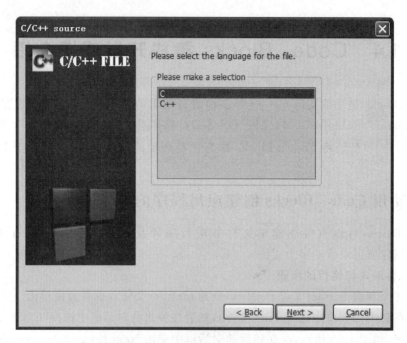

图 1-21　选择源文件的类型

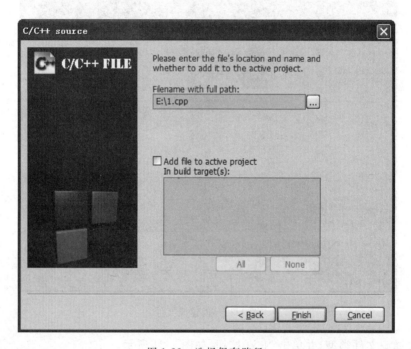

图 1-22　选择保存路径

,将会提示程序是否要编译,也可以单击菜单命令 Build(构建)→Build and Run(构建并运行)或直接单击工具栏中的构建并运行按钮 来合并两个步骤,编译后若程序有语法错误(即编译错误),可在 Build Log(构建日志)视图中查看错误原因并修改源程序,重复本步骤直到程序能够运行。

22

2. 创建项目并运行程序的步骤

（1）单击菜单命令 File（文件）→New（新建）→Project（项目），在弹出的对话框中选择 Console application，并单击 Go 按钮，如图 1-23 所示，再在随后的对话框中选择源文件类型为 C 或者 C++，并单击 Next 按钮。

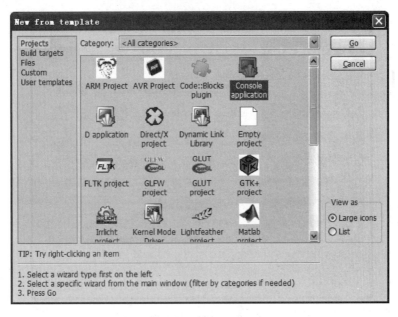

图 1-23　新建项目窗口

（2）在弹出的对话框中输入 Project title（项目名），并单击"…"按钮，选择项目保存的路径，其他项用默认值并单击 Next 按钮，如图 1-24 所示。

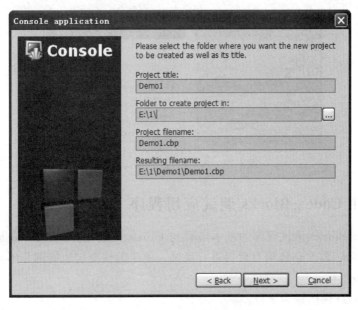

图 1-24　设置项目名称和路径

（3）在新弹出的对话框中选择编译器类型（必须已经在系统中有安装，一般选择 GNU GCC Compiler 编译器即可），并设置 Debug（调试）生成路径和 Release（发布）生成路径，再单击 Finish（完成）按钮，如图 1-25 所示，所创建的项目中已经包含了一个 main. c 或者 main. cpp 源文件。

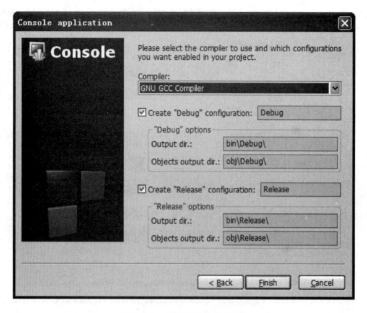

图 1-25　选择编译器类型

（4）编辑源代码并运行的方法与单文件类似。也可以在其中加入多个项目，在项目名上右击，在快捷菜单中选择 Activate project（激活项目），将选中的项目设为当前可以执行的项目，如图 1-26 所示。

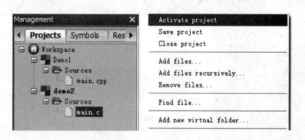

图 1-26　多个项目之间的切换

1.4.2　使用 Code :: Blocks 调试应用程序

使用 Code :: Blocks 调试程序的基本步骤与 CFree 类似，但 Code :: Blocks 中不可以在单文件下进行调试，需要创建项目后再进行调试。使用的快捷键也有部分不同，可以在相应的菜单项中寻找。

（1）设置断点（快捷键为 F5）。

（2）启动调试（快捷键为 F8）。

（3）单步执行（快捷键为 F7）。

(4) 查看变量。单击菜单 Debug(调试)→Debugging Windows(调试窗口)→Watches (监视)命令,在弹出的 Watches(监视)对话框中进行操作,Local variables(局部变量) 可以查看各个局部变量的值,Function Arguments(函数参数)中可以查看函数的参数值;其他需要的变量可以添加到后面进行监视(只要在代码中的变量名前右击并在快捷菜单中选择 Watches 即可),如图 1-27 所示。

图 1-27 监视变量值

(5) 进入函数内部(快捷键为 Shift+F7)。

(6) 退出函数(快捷键为 Ctrl+Shift+F7)。

下面举例来说明 Code∷Blocks 的调试过程,程序的功能是给定 t 组数据,每组数据是一个字符串,输出字符串的长度。错误数据是输入数据组数并按 Enter 键便输出了一组数据,而总数据处理少了一组,如:

错误程序

```
1  #include <stdio.h>
2  #include <string.h>
3  int main(){
4    int t;
5    char s[100];
6    scanf("%d", &t);
7    while(t--)
8    {
9      gets(s);
10     printf("%d\n", strlen(s));
11   }
12   return 0;
13 }
```

调试过程如下:

(1) 在某行行号(本例中为 7)后单击或者按 F5 功能键设置断点,如图 1-28 所示。

(2) 单击菜单命令 Debug(调试)→Start/Continue(启动/继续)或者按 F8 功能键启动调试功能,由于本例中断点所在语句之前有 scanf("%d", &t),需要在控制台中输入一个 t 的值(本例中输入 3),按 Enter 键后程序在断点处中断,其中黄色箭头所在行的语句是尚未运行(正准备运行)的语句,如图 1-29 所示。

(3) 快捷键 F7 为单步执行,此时黄色箭头将转移到下一条语句,可以在执行过程中监

```
1    #include <stdio.h>
2    #include <string.h>
3    int main()
4    {
5        int t;
6        char s[100];
7        scanf("%d", &t);
8        while(t--)
9        {
10           gets(s);
11           printf("%d\n", strlen(s));
12       }
13       return 0;
14   }
15
```

图 1-28   在 Code∷Blocks 中设置断点

```
1    #include <stdio.h>
2    #include <string.h>
3    int main()
4    {
5        int t;
6        char s[100];
7        scanf("%d", &t);
8        while(t--)
9        {
10           gets(s);
11           printf("%d\n", strlen(s));
12       }
13       return 0;
14   }
15
```

图 1-29   Code∷Blocks 程序的中断执行

视变量或者表达式的值,方法是选择变量或者表达式,在右键快捷菜单中选择 Watch(监视) ×××命令,其中×××表示程序中的某个变量名,如选中变量 t,在右键快捷菜单中选择 Watch 't',在 Watches(监视)小窗口中即可看到变量 t 的值。如图 1-30 所示同时监视了变量 t 和 s 的值。在执行到第 8 行时,t 的值为 3,s 的值为随机值(因为尚未读入字符串)。当继续按 F7 功能键单步执行到第 10 行时,t 的值变为 2,但之后程序没有让我们在控制台中输入第一个字符串,而是直接执行到第 11 行,此时 s 的值为一个空串(因为第一个字符为 '\0')。

图 1-30   Code∷Blocks 监视变量值

出现这个错误的原因是换行符也是一个字符,当输入 t 之后,按下了 Enter 键,其实是向系统输入了一个换行符,gets 函数是用来接收一行字符串的,单个换行符会被认为是一个空字符串,因此第一组数据的输出结果为 0。

解决这个问题的方法是额外读取一个字符(换行符)即可。

参考程序

```c
# include < stdio. h>
# include < string. h>
int main()
{
    int t;
    char s[100];
    scanf(" % d", &t);
    getchar();
    while(t -- )
    {
        gets(s);
        printf(" % d\n", strlen(s));
    }
    return 0;
}
```

第 2 章 基 础 应 用

2.1 实验 1 简单程序设计

2.1.1 实验目的

（1）掌握 C 开发环境中编写、运行和调试 C 程序的方法和步骤。

（2）掌握各种数据类型的输入/输出方法及程序运行时数据的输入/输出格式。

（3）掌握赋值语句的使用方法。

（4）掌握表达式的正确书写方法及数学函数、运算符的正确使用方法。

（5）掌握顺序结构程序设计方法。

2.1.2 实验预习

（1）熟悉各种类型的变量定义语法。

（2）熟悉 printf 和 scanf 函数的各种用法。

（3）熟悉运算符和表达式的写法。

（4）熟悉常见系统函数的使用方法。

2.1.3 实验任务

【任务 1——TOJ1452：Hello World！】

题目描述

在一行中输出文字"Hello，World！"，不含双引号。

输入描述

无输入。

输出描述

Hello，World！

样例输入	样例输出
	Hello，World！

题目分析

需要事先熟悉本书第一部分中的某个开发环境,同时了解 printf 输出函数的用法。特别要注意输出与题目应完全一致。如果出现 Wrong Answer,请检查字母以及大小写是否正确,逗号和感叹号是否为西文。如果出现 Presentation Error,请检查逗号后面是否有 1 个空格。

 参考程序

```
# include < stdio. h >
int main() {
    printf("Hello, World!\n");          //注释:"\n"为换行符
    return 0;
}
```

【任务 2——TOJ1001:整数求和】

题目描述

求两个整数之和。

输入描述

输入数据只包括两个整数 A 和 B。

输出描述

两个整数的和。

样例输入	样例输出
1 2	3

 题目分析

需要事先熟悉本书第一部分中的某个开发环境,同时了解 C 语言的数据类型、变量定义以及输入和输出等知识点。此处用到的整型为 int,输入可以使用 scanf 函数,格式采用%d,输出可以使用 printf 函数。

 参考程序

```
# include < stdio. h >
int main() {
    int a,b;
    scanf("%d %d",&a, &b);
    printf("%d\n",a + b);
    return 0;
}
```

【任务 3——TOJ1165：三个整数】

题目描述

给出三个整数，请你设计一个程序，求出这三个数的和、乘积和平均数。

输入描述

输入只有三个正整数 a、b、c。

输出描述

输出一行，包括三个数的和、乘积、平均数。数据之间用一个空格隔开，其中平均数保留小数后面两位。

样例输入	样例输出
1 2 3	6 6 2.00

 题目分析

需要事先了解常见的 C 语言运算符、C 语言表达式等相关知识点。此处三个数及它们的和与乘积均为整型，仍然使用 int，但平均值为小数，C 语言中小数类型（称为浮点型）有两种，分别是 float 和 double，前者精度低，后者精度高。两个对应的输入格式分别为％f 和％lf，输出格式两者一致，保留两位小数使用％.2f。需要注意的是，两个整型数值相除后只取整数部分，小数部分被忽略，可以通过本书第一部分中的调试技巧发现错误之处。若要获得小数结果，除数和被除数中必须有一个为浮点型，可以使用转型或改用浮点型常量。

 **错误程序**

```
# include < stdio. h >
int main()
{
    int a,b,c,sum,product;
    double average;
    scanf("％d％d％d",&a,&b,&c);
    sum = a + b + c;
    product = a * b * c;
    average = sum/3;
    printf("％d ％d ％.2f\n",sum,product,average);
    return 0;
}
```

【任务 4——TOJ1491：求三角形面积】

题目描述

已知三角形的边长 a、b 和 c，求其面积。

输入描述

输入三边 a、b、c。

输出描述

输出面积,保留 3 位小数。

样例输入	样例输出
1 2 2.5	0.950

 题目分析

题意为已知三角形的三条边长 a、b 和 c,其面积的计算公式可以采用海伦公式:$S = \sqrt{l(l-a)(l-b)(l-c)}$,其中 $l = \dfrac{(a+b+c)}{2}$,开平方使用的函数原型为:

double sqrt(double x);

该函数在 math.h 头文件中定义。初学者易犯的错误是输入数据类型出错,应当为 double 类型,格式如下:

```
double a,b,c;
scanf("%lf%lf%lf",&a,&b,&c);
```

输出需要保留 3 位小数,格式如下:

```
printf("%.3f\n", s);        //s 为面积
```

 参考程序

```
#include<stdio.h>
#include<math.h>
int main(){
    double a, b, c, l, s;
    scanf("%lf%lf%lf",&a,&b,&c);      //double 变量要用 %lf 输入
    l = (a+b+c)/2;                     //半周长
    s = sqrt(l*(l-a)*(l-b)*(l-c));
    printf("%.3f\n", s);               //%.3f 表示保留 3 位小数
    return 0;
}
```

【任务 5——TOJ1472:逆置正整数】

题目描述

输入一个三位正整数,将它反向输出。

输入描述

三位正整数。

输出描述

输出逆置后的正整数(去除前导 0)。

样例输入	样例输出
123	321

 错误程序 1

```
# include < stdio. h>
int main(){
    char a, b, c;
    int res;
    scanf("% c % c % c",&a,&b,&c);
    res = c * 100 + b * 10 + a;
    printf("% d\n", res);
    return 0;
}
```

错误程序 2

```
# include < stdio. h>
int main(){
    int a,b,c,x;
    scanf("% d",&x);
    a = x/100;
    b = x/10 % 10;
    c = x % 10;
    printf("% d % d % d",c,b,a);
    return 0;
}
```

题目分析

（1）第一个程序通过字符的方式分 3 次读入百位数 a、十位数 b 和个位数 c，交换个位数和百位数构成新的数，即：c * 100＋b * 10＋a，但由于读入的是字符类型，其整数值为 ASCII 值，比如读入 123 时，a 得到的并非数字 1，而是字符'1'，其真正的值是其 ASCII 码值 49。因此，正确的处理方式是将数字字符转为数字：

res = (c - '0') * 100 + (b - '0') * 10 + (a - '0');

（2）第二个程序通过整数方式读入 x 后计算出百位数、十位数和个位数，最后反向输出。错误的原因是未考虑末尾为 0 的情况。应当先充分测试程序，找出错误数据，并使用第一部分介绍的调试方法找出错误。这里给出 2 组代表性的数据：

输入 1：120
输入 2：100

针对 0 的情况进行适当的判断后输出,但更为简洁的方法是得到百位、十位和个位数字 a、b 和 c 后,调换个位数和百位数,重新计算出逆序的数 y,即:

$$y = c * 100 + b * 10 + a$$

如：$321 = 3 * 100 + 2 * 10 + 1$,结果为 123 的逆序数；$21 = 0 * 100 + 2 * 10 + 1$,结果为 120 的逆序数。

2.1.4 相关题库

【TOJ1499：鸡兔同笼】

题目描述

"鸡兔同笼"是我国古代著名趣题之一。大约在 1500 年前,《孙子算经》中就记载了这个有趣的问题。书中是这样叙述的："今有雉兔同笼,上有三十五头,下有九十四足,问雉兔各几何？ 这四句话的意思是：有若干只鸡兔同在一个笼子里,从上面数,有 35 个头；从下面数,有 94 只脚。求笼中各有几只鸡和兔?

设有 n 个头和 m 个脚,可以写一个程序计算到底有多少只鸡和兔。

输入描述

输入数据有一行,共 2 个整数 n 和 m,以空格分隔。

输出描述

每组数据的输出都只有一行,分别是鸡和兔的数量。

样例输入	样例输出
2 6	1 1

 提示

本题可以通过解方程组的方式求解,设鸡的数量为 x、兔的数量为 y,那么很容易列出二元一次方程组。手动求解出 x 和 y 的表达式,并将其按格式输出即可。初学者很容易犯的一个错误,就是直接给出方程组让计算机求解,用如下形式。

❌ 错误程序

```
int x, y, n, m;
x + y = n;
x * 2 + y * 4 = m;
printf("%d %d\n", x, y);
```

计算机只能根据用户给出的算法步骤按部就班地执行,因此需要读者求出方程组解的表达式,该表达式可以由计算机计算。

【TOJ1492：大小写转换】

题目描述

从键盘输入一个大写字母，要求改用小写字母输出。

输入描述

输入一个大写字母。

输出描述

输出对应的小写字母。

样例输入	样例输出
A	a

 提示

本题只需以字符形式读入一个字符 c，并转换输出即可，定义字符型变量的语句为 char c;；字符的输入方式可以为 scanf("%c"，&c)或 c = getchar()。字符的输出方式可以为 printf("%c"，c)或 putchar(c)。

字符在计算机内部是以 ASCII 码表示的，如字符 A 的 ASCII 码值为 65，字符 a 的 ASCII 值为 97。相邻两个字母之间的 ASCII 码值也是相邻的，比如 B 的 ASCII 值为 66，字母 b 的 ASCII 值为 98 等。大小写字母之间存在以下关系。

小写字母的 ASCII 值＝相应大写字母的 ASCII 值＋ 32

【TOJ1494：温度转换】

题目描述

输入一个华氏温度，输出摄氏温度，其转换公式为：

$$C = 5(F - 32)/9$$

输入描述

输入数据只有一个实数，即华氏温度。

输出描述

输出数据只有一个，即摄氏温度，保留 2 位小数。

样例输入	样例输出
32.0	0.00

 提示

华氏温度 F 为一个实数，因为以 %lf 格式输入，并以 double 变量存储。

【TOJ1488：买糖果】

题目描述

小瑜是个爱吃糖果的女孩，天天嚷着要爸爸买糖果，可是爸爸很忙，没有时间，于是就让小瑜自己去买。糖果 3 角钱一块，爸爸给小瑜 n 元钱，请告诉小瑜最多能买几块糖，还剩几角钱。

输入描述

输入爸爸给小瑜的钱为 n 元，n 为整数。

输出描述

输出小瑜最多能买回的糖块数以及剩下的钱（单位：角），用空格分隔。

样例输入	样例输出
2	6 2

 提示

a 除以 b 的余数在 C 语言中表示为 a%b，a 和 b 必须为整数；a 除以 b 表示为 a/b，若 a 和 b 均为整数，则结果将只取整数部分。

【TOJ3068：阿基米德特性】

题目描述

所谓"阿基米德特性"是这样的一条性质：对任意两个整数 a 和 b，如果保证 $0<a<b$，则总存在整数 $M>0$，使得 $aM>b$。请编写一个程序，当输入 a 和 b 时，输出最小的 M。

输入描述

输入 2 个整数 a 和 b，满足 $0<a<b$。

输出描述

输出使得 $aM>b$ 的最小正整数为 M。

样例输入	样例输出
2 9	5

 提示

因为 $0<a<b$，由 $aM>b$ 可得 $M>\dfrac{b}{a}$，因此最小的 M 值应该取为 $\left\lfloor\dfrac{b}{a}\right\rfloor+1$，即 b 除以 a 的整数部分再加 1。

2.2　实验 2　选择结构程序设计

2.2.1　实验目的

（1）了解 C 语言表示逻辑量的方法。

（2）掌握逻辑表达式的正确书写形式。

（3）熟练掌握 if 语句及其嵌套。

（4）掌握复合语句的正确使用方法。

（5）掌握 switch 语句和 break 语句的正确使用方法。

2.2.2　实验预习

（1）了解逻辑表达式的用法。

（2）掌握 if 结构的基本语法。

（3）掌握 switch 结构的基本语法。

2.2.3　实验任务

【任务 1——程序阅读】

阅读并测试以下代码，熟悉 if...else if...else 结构及其嵌套的使用方法，熟悉 switch... case 结构的语法和嵌套用法。

 题目分析

（1）if...else if...else 结构中可以省略 else if 或 else 而形成单 if 结构、if...else if 结构或 if...else 结构。

（2）若存在多个语句（称为复合语句），需要使用大括号{...}。

（3）switch...case 结构中，若某个分支缺少 break 语句，则继续执行后面的分支，直到某个分支出现 break 才退出。

 参考程序

```c
# include < stdio.h>
int main(){
    int a = 1, b = 0;                    //试改变 a 和 b 的值
    if(a == 1&&b == 1)
        printf("trueA, trueB\n");
    else{
        if(a == 1)
            printf("trueA, falseB\n");
        else if(b == 1)                  //else 表示 a 不等于 1
            printf("falseA, trueB\n");
        else                             //除以上条件外
            printf("falseA, falseB\n");
    }

    switch(a){
    case 1:
        switch(b){
        case 1:
```

```
            printf("trueA, trueB\n");
            break;
        default:
            printf("trueA, falseB\n");
            break;
        }
        break;
    case 0:
        switch(b){
        case 1:
            printf("falseA, trueB\n");
            break;                    //去掉该语句的结果又如何?
        default:
            printf("falseA, falseB\n");
            break;
        }
        break;
    }
    return 0;
}
```

【任务 2——TOJ1094：一元二次方程】

题目描述

解一元二次方程 $ax^2+bx+c=0$ 的解。

输入描述

输入三个实数 a、b、c 的值,且 a 不等于 0。

输出描述

输出两个根 x_1 和 x_2,用空格隔开,具体格式为:

x_1　x_2

其中大的根先输出,即 $x_1 \geqslant x_2$。结果保留两位小数。数据保证一定有实根。

样例输入	样例输出
1 5 —2	0.37 —5.37

 题目分析

　　题目已经说明方程中 a 不为 0,即一定是一元二次方程,因此不必判断 a 是否为 0,而且一定有实根,即方程的判别式非负性也不必作判断。直接根据求解公式求解:

$\Delta = b^2 - 4ac, x = \dfrac{-b \pm \sqrt{\Delta}}{2a}$。要注意的一个问题是，输出时要保证按先大后小的顺序输出，因此需要先判断两个根的大小顺序，注意当 a 为负数时，$x_1 \leqslant x_2$。

 参考程序

```c
# include < stdio. h>
# include < math. h>
int main(){
    double a, b, c, d;
    double x1,x2;
    scanf("%lf%lf%lf",&a,&b,&c);
    d = b*b - 4*a*c;
    x1 = (-b+sqrt(d))/(2*a);
    x2 = (-b-sqrt(d))/(2*a);
    if(x1<x2)
        printf("%0.2f %0.2f\n",x2,x1);
    else
        printf("%0.2f %0.2f\n",x1,x2);
    return 0;
}
```

【任务 3——TOJ1454：三个数排序】

题目描述

输入三个整数 x、y、z，请把这三个数由小到大输出。

输入描述

输入数据包含 3 个整数 x、y、z，分别用逗号隔开。

输出描述

输出由小到大排序后的结果用空格隔开。

样例输入	样例输出
2,1,3	1 2 3

 题目分析

此题采用"冒泡法"等排序思想解决。本题只有 3 个数据，可以认为是排序的简化版。给定三个整数 a、b 和 c，"冒泡法"排序过程可以表示为(以 5、4、3 为例)：

(1) 第一趟比较有 3 个数，相邻两两比较需要比较 2 次，第一次是 a(5)和 b(4)的比较，将较大值交换到后面，即变成 a(4)和 b(5)。第二次是 b(5)和 c(3)的比较，同理交换后变成 b(3)和 c(5)。此时最大值 5 已经交换到了最后(c 的位置)，下一趟将不再参与排序。a、b、c 的结果分别为：4 3 5。

(2) 第二趟剩下前面 2 个数，即 a(4)和 b(3)，再做一次比较将较大值交换到后面即可，即变成 a(3) 和 b(4)。至此,所有排序即已经完成。整个过程如图 2-1 所示。

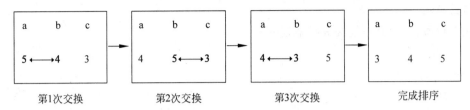

第1次交换　　　　　　第2次交换　　　　　　第3次交换　　　　　　完成排序

图 2-1　三个数排序示例图

通过总结,发现其实 n 个数的比较需要 $n-1$ 趟(第 $n-1$ 趟排序后只剩下一个数了,不必再排序),在第 1 趟有 $n-1$ 次相邻比较,第 2 趟需要 $n-2$ 次,$\cdots$,第 i 趟(i 从 1~$n-1$)则需要相邻比较的次数为 $n-i$ 次,总共需要的次数为 $(n-1)+(n-2)+\cdots+1=(n-1)n/2$ 次。每趟排序总有一个数排序位置确定(形象地认为有一个气泡冒出,冒泡法由此得名)。另外,需要注意输入的格式是由"逗号"隔开的。

另一种不是很好的方法,是直接穷举 6 种情况,但初学者比较容易犯的错误是三个表达式之间的比较,应该转换为两两比较。如 a<b<c,实际上是先判断 a<b 的结果,是一个逻辑值 0 或者 1(表示结果错或对);再将结果(0 或 1)与 c 比较,这显然是错误的。应该使用逻辑运算符"&&"(并且)来完成,即 a<b && b<c。穷举的方法局限性较大,当有 N 个数需要排序时,会有 N! 种情况需要讨论。

 **错误程序**

```c
#include <stdio.h>
int main()
{
    int a, b, c;
    scanf("%d %d %d", &a, &b, &c);
    if(a<b<c)
        printf("%d %d %d", a, b, c);
    else if(a<c<b)
        printf("%d %d %d", a, c, b);
    else if(b<a<c)
        printf("%d %d %d", b, a, c);
    else if(b<c<a)
        printf("%d %d %d", b, c, a);
    else if(c<a<b)
        printf("%d %d %d", c, a, b);
    else
        printf("%d %d %d", c, b, a);
    return 0;
}
```

【任务 4——TOJ1067：成绩评估】

题目描述

我们知道,高中会考是按等级来划分的。

90～100 为 A;

80～89 为 B;

70～79 为 C;

60～69 为 D;

0～59 为 E。

编写一个程序,对输入的一个百分制的成绩 t,将其转换成对应的等级。

输入描述

输入数据有多组,每组占一行,由一个整数组成。

输出描述

对于每组输入数据,输出一行。如果输入数据不在 0～100 范围内,请输出一行:"Score is error!"。

样例输入	样例输出
56	E
67	D
100	A
123	Score is error!

 题目分析

此题可以使用 if…else if…else 结构或者 switch…case 结构来完成。对于 switch…case 结构,需要将分数 t 除以 10 之后进行处理,但要考虑的分支仍然较多,因此不如 if…else if…else 结构方便。特别需要注意的是边界数据处理问题,需要读者仔细地测试程序。比如下面的程序将 90 分及以上的成绩都输出为 A,显然 100 分以上也包含在"A"中了。另外初学者经常犯的错误是将 if…else if…else 结构本来更合理的语句写成了多个 if 结构,前者各个分支只能执行一个,而后者可能执行多个。比如当 $n=100$ 时,前 5 个条件都满足。

错误程序

```c
#include <stdio.h>

int main()
{
    int n;
    while (scanf("%d",&n)!= EOF)
    {
```

```
    if (n >= 90)
        printf("A\n");
    if (n >= 80)
        printf("B\n");
    if (n >= 70)
        printf("C\n");
    if (n >= 60)
        printf("D\n");
    if (n >= 0)
        printf("E\n");
    else
        printf("Score is error!\n");
    }
    return 0;
}
```

2.2.4　相关题库

【TOJ1473：找中间数】

题目描述

输入三个整数,找出其中的中间数。

输入描述

输入 3 个整数。

输出描述

输出中间数。

样例输入	样例输出
1 2 3	2

 提示

可以使用以下两种方法解决该问题。

(1) 可以先对 3 个数进行排序后,选择序列中的第二个数作为结果。

(2) 可以根据中间数的特点直接分情况判断,假如 a、b 和 c 中,b 为中间数,则 $a-b$ 和 $c-b$ 的符号相反,即 $(a-b)(c-b) < 0$。

【TOJ1467：两个数最大】

题目描述

求两个整数中的最大值。

输入描述

两个整数。

输出描述

输出最大的值,格式为:

max＝最大值

样例输入	样例输出
1 2	max＝2

 提示

注意输出格式,不要丢失了提示文字 max＝。

【TOJ1463:相加和最大值】

题目描述

输入三个整数 a、b、c,并进行两两相加,最后比较相加和的最大值。

输入描述

输入数据包含三个整数,用空格分开。

输出描述

输出两两相加后的最大值。

样例输入	样例输出
1 2 3	5

 提示

将两两相加之和存储于新的 3 个变量之后,求 3 个变量的最大值问题。求 3 个数 x、y 和 z 的最大值的算法描述如下:

(1) 设 $m＝x$。

(2) 若 $y>m$,则 $m＝y$。

(3) 若 $z>m$,则 $m＝z$。

(4) m 即为最大值,最后最大值输出。

【TOJ1475:一元二次方程Ⅱ】

题目描述

求一元二次方程 $ax^2＋bx＋c＝0$ 的解。a、b、c 为任意实数。

输入描述

输入数据有一行,包括 a、b、c 的值。

输出描述

按以下格式输出方程的根 x_1 和 x_2。x_1 和 x_2 之间有一个空格:

x_1 x_2

（1）如果 x_1 和 x_2 为实根，则以 $x_1 \geqslant x_2$ 输出。

（2）如果方程是共轭复根，$x_1 = m + ni$，$x_2 = m - ni$，其中 $n > 0$。

其中 x_1、x_2、m、n 均保留 2 位小数。

样例输入	样例输出
1 2 3	$-1.00 + 1.41i$　$-1.00 - 1.41i$

提示

本题需要考虑复根的情况，因此需要对判别式进行判断。对于实根情况与 TOJ1094 一致。而对于复根情况，$m = \dfrac{-b}{2a}$，$n = \left| \dfrac{\sqrt{-\Delta}}{2a} \right|$，则 $x = m \pm ni$，在 C 语言中并不存在复数类型，因此在处理时不要试图求出复根再输出。实际上只要输出实部和虚部，即 m 和 n 按照保留 2 位小数的形式输出，而 i 只是符号，按照字符格式输出。

【TOJ1485：整除】

题目描述

判断一个数 n 能否同时被 3 和 5 整除。

输入描述

输入一个正整数 n。

输出描述

如果能够同时被 3 和 5 整除，输出 Yes，否则输出 No。

样例输入	样例输出
15	Yes

提示

"求余"运算符为 $\%$，逻辑运算符"与"为 $\&\&$。注意输出字符的大小写。

【TOJ1175：时间间隔】

题目描述

从键盘输入两个时间点（24 小时制），输出两个时间点之间的时间间隔，时间间隔用"小时:分钟:秒"表示。

输入描述

输入包括两行，第一行时间点为 1，第二行时间点为 2。

输出描述

以"小时:分钟:秒"的格式输出时间间隔。

样例输入	样例输出
12:01:12 13:09:43	1:08:31

提示

比较清晰的解决方法是将 HH:MM:SS 格式的时间统一转换为秒数,计算两者之差的绝对值后,再重新转换为 HH:MM:SS 格式。

(1) HH:MM:SS 格式的时间 $h:m:s$ 转换为秒数的公式为:$h*3600+m*60+s$。

(2) 将秒数 t 转换为 HH:MM:SS 格式的时间 $h:m:s$ 的公式为:$h=t/3600$,$m=t\%3600/60$,$s=t\%60$。

【TOJ3712:自动门控制】

题目描述

在宾馆的进出口,大部分都安装了自动感应门,当检测到有人正在靠近时,门便会自动打开,人离开门超过一定距离便会自动关闭。

自动感应门有一个感应设备,能够检测到是否有人靠近门,并通过程序对门进行控制。为了实现这个程序,首先规定了门的两种状态 Open 和 Close,分别表示门开着和关着。此时的输入有可能有四种状态。

(1) Front 表示门前面的缓冲区中有人。

(2) Rear 表示门后面的缓冲区有人。

(3) Both 表示前后缓冲区内都有人。

(4) Neither 表示前后缓冲区内都没有人。

控制程序针对输入会将门的一个状态切换到另一个状态。

(1) 如果门处于 Close 状态且接收到输入 Neither、Rear 或者 Both 时,它仍然处于 Close 状态,因为可能没必要开门或者打开门有可能撞到缓冲区内的人;但如果输入 Front,那它将转移到 Open 状态。

(2) 如果门处于 Open 状态且接收到 Front、Rear 或者 Both,它将保持在 Open 状态不动,如果输入 Neither,它将返回到 Close 状态。

现给定对门的检测情况以及当前门的状态,请编写程序确定门的下一个状态。

输入描述

输入数据有 3 个整数:a、b 和 c。

a 为 0 表示前面缓冲区无人,1 表示有人。

b 为 0 表示后面缓冲区无人,1 表示有人。

c 为 0 表示当前门的状态为 Close,1 表示 Open。

输出描述

输出感应门的下一个状态,如果为 Close 输出 0,否则输出 1。

样例输入	样例输出
0 0 1	0

 提示

最直接的方法是一一列举各种情况即可,注意要考虑全面,不要丢失某种情况。另外一种方法是仔细分析哪些情况下会改变门的状态(题目已经给出来,只需作适当分析),不难发现只有以下两种情况。

(1) 当门关闭时,前缓冲区有人,但后缓冲区无人时,需要打开自动门。

(2) 当门开启时,前后缓冲区都无人时,则关闭自动门。

2.3　实验 3　循环结构程序设计

2.3.1　实验目的

(1) 熟练掌握三种循环语句(while、for、do...while),并掌握三种循环结构各自的特点。

(2) 熟练掌握循环条件设置及循环的控制方法。

(3) 掌握多重循环的组织方法。

2.3.2　实验预习

(1) 熟悉 while、do...while 循环结构的基本语法。

(2) 熟悉 for 循环结构的基本语法。

(3) 了解多重循环的结构。

2.3.3　实验任务

【任务 1——程序阅读】

阅读并测试以下代码,熟悉 for 循环结构、while 循环结构和 do...while 循环结构的基本语法。

 题目分析

(1) 三种循环结构的功能是一致的,即任何一种循环结构都可以转换为另一种形式,因此一般情况下,哪种结构简便就使用哪种,应灵活运用。

(2) 一般情况下 for 循环比较适合于循环次数已知的情况,while、do...while 一般用于循环次数未知的情况。while 与 do...while 的区别是 while 先判断再执行,而 do...while 先执行再判断,因此 do...while 适合于先执行循环体一次的情况。

(3) 循环条件若永远成立,会导致死循环,如 while(1)、for(i＝0；i＞＝0；i＋＋),即循环控制变量未改变等。因此对循环条件要仔细检查。

(4) 循环结构可以多重嵌套,即在循环结构中可以嵌套另一种循环结构,并可以进一步嵌套下去。嵌套的循环结构类型是任意的,即可以在 for 循环里嵌套 while 循环结构,反之亦可。

(5) 循环嵌套时,每执行外部循环 1 次,内部循环均会全部执行(除非出现 break、continue 和 goto 等语句)。

(6) 在多重循环时,若在内部循环中使用 break,只能跳出内部循环,而继续执行外部循环体中的语句。

（7）在循环体中使用 continue 时，只跳过本次循环后面未执行的语句，继续执行当前循环的下一次。

 参考程序

```c
# include < stdio. h>
int main(){
    int n = 5, i = 0, j, m = 6;
    while(i < n)                //循环 n 遍
    {
        printf(" % d ", i);
        i++;                    //没有此语句将会形成死循环,请注释掉该语句试试
    }
    printf("\n");
    do
    {
        n = n - 1;
        if(n == 0)
        {
            printf(" % d\n", n);
            break;              //没有 break 会形成死循环,请注释掉该语句试试
        }
        else
            printf(" % d ", n);
    }while(1);
    n = 5;
    for(i = 0;i < n;i++)        //循环 n 遍
        printf(" % d ", i);
    putchar('\n');             //输出换行符
    for(i = 0;i < n;i++)
    {
        for(j = 0;j < m;j++)
        {
            if(j == m - 2)     //最后 2 个数无法输出,因为 break 中断了当前循环
                break;
            if(j == 0)         //只跳过第 1 个数,进入下一次循环
                continue;
            printf(" % d", i + j);
        }
        printf("\n");
    }
    return 0;
}
```

【任务 2——TOJ1461：求平均值】
题目描述
求 n 个数的平均数。

输入描述

输入数据有 2 行,第一行为 n,第二行为 n 个数。

输出描述

输出 n 个数中的平均数,结果保留 2 位小数。

样例输入	样例输出
5	0.46
$-1\ 2.1\ 3\ 4\ -5.8$	

 题目分析

在 n 个数循环输入的同时,对其累加求和并存放在 sum 变量中,循环结束后,将 sum 除以 n 即可。要注意循环开始之前应该将 sum 初始化为 0。另外,如果使用 while(n－－)的形式输入 n 个数,循环结束后会导致 n 的值变为 0,因此事先需要使用另一变量存储初始的 n 值,否则无法再求平均值。

【任务 3——TOJ1476:圆周率】

题目描述

输入 n 值,利用下列格里高里公式计算并输出圆周率:

$$\frac{\pi}{4} = 1 - \frac{1}{3} + \frac{1}{5} - \frac{1}{7} + \cdots + \frac{1}{4n-3} - \frac{1}{4n-1}$$

输入描述

输入公式中的 n 值。

输出描述

输出圆周率,保留 5 位小数。

样例输入	样例输出
1	2.66667

 题目分析

可以先验证特殊的几个 n 值寻找规律,发现求解的结果。

当 $n=1$ 时是前 2 项之和;

当 $n=2$ 时是前 4 项之和;

当 $n=3$ 时是前 6 项之和;

$\vdots$

可见,循环 n 遍时,总共计算的项数是 $2\times n$ 项,每遍循环计算 2 项。而在每遍循环中,第一项是正数,第二项是负数,通项为 $\frac{1}{4\times i-3} - \frac{1}{4\times i-1}$,因此很容易计算出各项之和。但以下代码是错误的,需要对程序进行测试并找到错误数据,再使用第一部分中介绍的调试技巧找出错误的语句并纠正。

 错误程序

```
# include < stdio. h >
int main()
{
    double sum = 0;
    int i,n;
    scanf(" % d",&n);
    for(i = 1;i < = n;i++)
        sum += 1/(4 * i - 3) - 1/(4 * i - 1);
    printf(" %.5f\n",sum * 4);
    return 0;
}
```

【任务 4——TOJ1477：余弦】

题目描述

输入 n 的值，计算 $\cos(x)$。

$$\cos(x)=1-\frac{x^2}{2!}+\frac{x^4}{4!}-\frac{x^6}{6!}+\cdots+(-1)^n\frac{x^{2n}}{(2n)!}$$

输入描述

输入数据有一行，包括 x 和 n。第一个数据为 x，第二个数据为 n。

输出描述

输出 $\cos(x)$ 的值，保留 4 位小数。

样例输入	样例输出
0.0100	1.0000

 题目分析

通过对 n 的几个特殊值进行分析：

$n=1$ 时结果为 $1-\dfrac{x^2}{2\times 1}$；

$n=2$ 时结果为 $1-\dfrac{x^2}{2\times 1}+\dfrac{x^4}{4\times 3\times 2\times 1}$；

$n=3$ 时结果为 $1-\dfrac{x^2}{2\times 1}+\dfrac{x^4}{4\times 3\times 2\times 1}-\dfrac{x^6}{6\times 5\times 4\times 3\times 2\times 1}$；

$\vdots$

设序列通项为 a_i，则 a_i 的分子部分是 a_{i-1} 的 x^2 倍，而分母是 $(2i+1)\times(2i+2)$ 倍，a_i 的符号与 a_{i-1} 符号相反。若已知前面一项的值，后面一项便可以通过上述规律推导出来。需要注意的一个问题是，当 n 较大时，通项的分子和分母都可能超出整型的范围，因此应分别处理分子和分母进行累积时的错误，应使用第一部分介绍的调试技巧找出错误语句并纠正。

 错误程序

```c
# include < stdio. h>
int main()
{
    double x, res = 1.0;
    double t1, t2;                  //t1 为分子,t2 为分母
    int i, n, sign;
    scanf(" % lf % d",&x, &n);
    t1 = x * x;
    t2 = 2;
    sign = -1;
    for(i = 1;i <= n;i++)
    {
        res += sign * t1/t2;       //累加
        t1 = t1 * x * x;           //更新……
        t2 = t2 * (2 * i + 1) * (2 * i + 2);
        sign = -sign;
    }
    printf(" % .4f\n",res);
    return 0;
}
```

【任务 5——TOJ1455：数字串求和】

题目描述

求 $s=a+aa+aaa+aaaa+aa\cdots a$ 的值,其中 a 是一个 $1\sim9$ 的数字。例如 $2+22+222+2222+22222$（此时共有 5 个数相加）。

输入描述

输入数据有多组,每组占一行,每行有两个数 a 和 n（其中 $a\geqslant1$, $n\leqslant9$）,分别用空格分隔。输入文件直到 EOF 为止。

输出描述

针对每个输入,输出 s 的值。

样例输入	样例输出
2 5	24690

题目分析

根据前一项 x_i 的值,可以很容易地计算出后一项 $x_{i+1}=x_i\times10+a$,并在循环过程中对每一项进行累加即可。例如:

$x_1=2$

$x_2=x_1\times10+2=2\times10+2=22$

$x_3=x_2\times10+2=22\times10+2=222$

$\vdots$

参考程序

```
#include <stdio.h>
int main()
{
    int a, n, i;
    while(scanf("%d%d", &a, &n)!= EOF)
    {
        int s = 0, t = a;
        for(i = 0;i < n;i++)
        {
            s += t;
            t = t * 10 + a;
        }
        printf("%d\n", s);
    }
    return 0;
}
```

【任务 6——TOJ1428：空心三角形】

题目描述

把一个字符三角形掏空,就能节省材料成本,减轻重量,但关键是为了追求另一种视觉效果。在设计的过程中,需要给出各种花纹的材料和大小尺寸的三角形样板,通过计算机临时做出来,以便查看效果。

输入描述

每行包含一个字符和一个整数 $n(0 < n < 41)$。不同的字符表示不同的花纹,整数 n 表示等腰三角形的高。显然其底边长为 $2n-1$。如果遇到字符 @,则表示所做出来的样板三角形已经够了。

输出描述

每个样板三角形之间应空上一行,三角形的中间留空。显然行末没有多余的空格。

样例输入	样例输出
X 2	X
A 7	XXX
@	
	A
	A A
	A A
	A A
	A A
	A A
	AAAAAAAAAAAAA

50

题目分析

通过分析可以发现,输入字符 c 和整数 n 时,输出一共有 n 行,即外部循环有 n 遍,每遍循环的次数取决于输出的字符数。找规律发现,第 i 行的字符数(包括空格和字母在内)为 $n+i-1$ 个(如 $n=7$ 时,第 1 行有 7 个字符,第 2 行有 8 个,……),其中前面的 $n-1$ 行中,第 $n-i+1$ 个和第 $n+i-1$ 个的字符均为 c,其他为空格(第 1 行 $n-i+1$ 和 $n+i-1$ 的值是一样的,均为 n,前面 $n-1$ 个为空格)。而最后一行全部为字符 c。这样很容易就编写了两重循环来完成本任务。

值得注意的是程序的输入数据问题。由于题目是多组数据,如果碰到以下数据

```
X 2
1 7
@
```

那么处理完第一组数据后,2 后面由于存在换行符,换行符实际上也是一个字符,因此这个字符将会被下一组数据的 c 读取,而 1 会被 n 读取,这样就带来了错误。因此读者需要额外读取行末的换行符,使用 getchar() 即可。

【任务 7——TOJ1374:素数判定】

题目描述

对于表达式 n^2+n+41,当 n 在 (x,y) 范围内取整数值时(包括 x,y)($-39\leqslant x,y\leqslant 50$),可以判定该表达式的值是否都为素数。

输入描述

输入数据有多组,每组占一行,由两个整数 x、y 组成,当 $x=0$、$y=0$ 时,表示输入结束,该行不做处理。

输出描述

对于每个给定范围内的取值,如果表达式的值都为素数,则输出 OK,否则输出 Sorry,每组输出占一行。

样例输入	样例输出
0 1	OK
0 0	

 题目分析

本题的第一个问题是如何判断 a 是一个素数,最简单的方法是根据素数本身的定义(只能被 1 和自身整除的数),从 2 到 $a-1$ 进行遍历,判断是否存在某个数能够把 a 整除,若存在这样的数,a 必然不是素数。事实上,没有必要遍历 $a-1$,只要遍历到 $q=\lfloor\sqrt{a}\rfloor$(取整)即可。即我们需要证明:若在 $[2,q]$ 区间不存在 a 的因子,那么 $(q,a-1)$ 区间也不存在 a 的因子。

证明:采用反证法来证明,假设在 $[2,q]$ 区间内不存在 a 的因子,但在 $(q,a-1]$ 内存在 a

的因子 m，那么 $\dfrac{a}{m}$ 必然也是一个 a 的整数因子，而它将落在 $[2,q]$ 区间内，因此与假设矛盾。

题目的另一要求是根据 (x,y) 区间内的任意一个值 n，计算出 n^2+n+41 的值并判断其是否为素数，只要有一个不是素数，就输出 Sorry，因此可以设定一个变量标记初始值为 0，如 flag＝0。在判断过程中只要发现有一个不是素数，则设置 flag＝1，并结束后面的判断（可以使用 break 语句跳出循环）。如果最终 flag＝0，说明循环正常结束，所有的都是素数，输出 OK，否则说明循环过程中用 break 语句中断循环了，即输出 Sorry。

2.3.4 相关题库

【TOJ1468：求级数值】

题目描述

求下列级数的值：

$$1-\frac{1}{2}+\frac{1}{3}-\frac{1}{4}+\cdots+\frac{1}{99}-\frac{1}{100}$$

输入描述

无。

输出描述

级数的值，以 float 浮点数输出。

输出格式

printf("%f",sum);

 提示

（1）所求级数之和 s 需要先初始化为 0，不考虑正负号变化的通项为 $1/i$。

（2）前后两项的正负号可以通过一个变量来控制，如可以定义 flag 变量，初始值为 1，每次循环通过 flag＝－flag 语句改变 flag 的符号。

（3）注意两个整数相除会取整，如 1/2 的值为 0，而 1.0/2 的结果为 0.5，或者将其中一个强制转型后计算，如（double）1/2 的结果也为 0.5。

【TOJ1167：分数序列】

题目描述

有一个分数序列：2/1，3/2，5/3，8/5，13/8，…编写程序求出这个序列的前 n 项之和。

输入描述

输入只有一个正整数 n，且 $1\leqslant n\leqslant 10$。

输出描述

输出改序列前 n 项和，结果保留小数后 6 位。

样例输入	样例输出
3	5.166667

提示

需要分析通项的规律,发现分子和分母均按照斐波那契数列变化,斐波那契是这样一个数列:

$$0,1,1,2,3,5,8,13,21,\cdots$$

在数学上,斐波那契数列以如下被以递归的方法定义:

$$F(0)=0,\quad F(1)=1,\quad F(n)=F(n-1)+F(n-2)$$

最终的通项是 $F(i)/F(i-1)$(注意取整问题),序列的前 n 项之和是从 $i=3$ 开始累加到 $i=n+2$ 为止。

【TOJ1088：求奇数的乘积】

题目描述

给出 n 个整数,求它们中所有奇数的乘积。

输入描述

输入数据包含多个测试实例,每个测试实例占一行,每行的第一个数为 n,表示本组数据一共有 n 个,接着是 n 个整数,可以假设每组数据必定至少存在一个奇数。

输出描述

输出每组数中的所有奇数的乘积,对于测试实例,输出一行。

样例输入	样例输出
3 1 2 3	3
4 2 3 4 5	15

 提示

本题是多组数据,未告知数据组数,也没有结束标记,因此属于 EOF 结束类型。每组数据的第一个数是 n。如果 n 读取失败,说明数据已经读完。可以按照下面的格式读入:

```
while(scanf("%d", &n)!=EOF){
    while(n--)          //再循环读入 n 个数
    {
                        //读入一个数
    }
}
```

注意:多组数据处理时,相关的变量都应该重新初始化,否则会在前一组的结果上进行运算。

【TOJ1372：水仙花数】

题目描述

春天是鲜花的季节,水仙花就是其中最迷人的代表,数学上有个水仙花数,它们定义如下:

"水仙花数"是指一个三位数,它的各位数字的立方和等于其本身,比如:$153=1^3+5^3+3^3$。

现在要求输出所有在限定范围内的水仙花数。

输入描述

输入数据有多组,每组占一行,包括两个整数 m 和 n（$100 \leqslant m \leqslant n \leqslant 999$）。

输出描述

对于每个测试实例,要求输出所有在给定范围内的水仙花数,也就是说,输出的水仙花数必须大于等于 m,并且小于等于 n。如果有多个,则要求从小到大排列在一行内输出,之间用一个空格隔开。

如果给定的范围内不存在水仙花数,则输出 no。

每个测试实例的输出占一行。

样例输入	样例输出
100 120	no
300 380	370 371

 提示

判断一个三位数 x 是否为水仙花数的方法是获取 x 的个位数、十位数和百位数。

$a = x \bmod 10$；

$b = x/10 \bmod 10$；

$c = x/100$；

再求其各位数字的立方和是否等于 x。

另一个需要注意的问题是每组数据的结尾不可以有多余的空格,否则会导致错误,解决的方法是通过一个变量 flag 来控制。

（1）初始时 flag＝0,$x = m$。

（2）若 x 为水仙花数,则当 flag 不为 0 时先输出空格,再输出 x,并置 flag＝1；否则跳过本步骤。

（3）$x = x + 1$。

（4）若 $x \leqslant m$,则继续执行步骤（2）；否则执行步骤（5）。

（5）如果 flag＝0,则输出信息为 no。

（6）输出换行符。

另一种较为简捷有效的方法是,先判断 100～999 之内的数是否为水仙花数,将其标记出来,可以定义数组 flag[1000],其中 $f[i] = 1$ 表示 i 是一个水仙花数,$f[i] = 0$ 表示不是水仙花数,再输入 m 和 n 进行统计,这样可以避免反复判断水仙花数。请读者在学习下一章"数组"之后再进行尝试。

需要注意的是,在 C 语言中的"^"并非为幂次方运算符。立方可以直接用三个数相乘得到,N 次方可以通过循环计算得到。

【TOJ1456：拍皮球】

题目描述

小瑜 3 岁了，很喜欢玩皮球，看来今后会喜欢打篮球的。最近她发现球从手中落下时，每次落地后反跳回原高度的一半再落下。每次球落地时她数球跳了几次，数到 n 次时爸爸在边上喊停，问小瑜现在球总共走了多少距离，小瑜故作沉思状，爸爸又问接下来小球能跳多高啊，小瑜摇摇头，心想还没跳我怎么知道啊，难道爸爸是神仙吗？这时你想给小瑜写个程序计算一下。假设球的初始高度为 h，计算第 n 次落地时球经过的距离，以及落地后能反弹多高。

输入描述

输入数据有多组，第一行为数据的组数 t，下面 t 行为 t 组数据，每行有两个数 h 和 n，分别用空格分隔。

输出描述

输出第 n 次反弹时球经过的距离和球最后的高度，保留小数点后 2 位。

样例输入	样例输出
2	100.00 50.00
100 1	200.00 25.00
100.0 2	

 提示

不难发现，第 i 次反弹后的高度应该为 $h/2^i$。在编写程序时，只要在循环体中反复除以 2 即可。每次碰到地面时行进的距离除了第一次只有 1 趟外，其余都是来回 2 趟。即：

$$S_i = \begin{cases} h & i = 1 \\ h/2^{i-2} & i \geqslant 2 \end{cases}$$

因此，第 n 次碰到地面时总共行进的距离为：

$$S = \sum_{i=1}^{n} S_i$$

【TOJ1089：平方和与立方和】

题目描述

给定一段连续的整数，求出它们中所有偶数的平方和以及所有奇数的立方和。

输入描述

输入数据包含多组测试实例，每组测试实例包含一行，由两个整数 m 和 n 组成。

输出描述

对于每组输入数据，输出一行，应包括两个整数 x 和 y，分别表示该段连续的整数中所有偶数的平方和以及所有奇数的立方和。可以认为 32 位整数足以保存结果。

样例输入	样例输出
1 3	4 28
2 5	20 152

 提示

题目并没有告知 m 和 n 哪个大。

【TOJ1462：打印直角三角形】

题目描述

输入直角三角形的直角边长度(两个直角边相同),打印输出该图形。如输入 5,输出下列图形:

```
*
**
***
****
*****
```

输入描述

输入数据第一行为 n,表示一共有 n 组数据输入。后面有 n 行,每行表示直角边长度(两个直角边相同)。

输出描述

以 * 字符来打印输出直角三角形图形。

样例输入	样例输出
3	*
1	*
2	**
3	*
	**
	***

 提示

外部循环的次数与直角三角形的行数一致,即 n 次,而内部循环的次数与行号相关,如第 1 行是 1 次,第 2 行是 2 次……第 n 行是 n 次。因此,双重循环的结构可以描述为:

```
for(i = 1;i < = n;i++)        //n 次循环
{
    for(j = 1;j < = i;j++)    //i 次循环
        …
}
```

【TOJ1370：数值统计】

题目描述

统计给定的 n 个数中负数、零和正数的个数。

输入描述

输入数据有多组，每组占一行，每行的第一个数是整数 $n(n<100)$，表示需要统计的数值的个数，然后是 n 个实数；如果 $n=0$，则表示输入结束，该行不做处理。

输出描述

对于每组输入数据，输出一行 a、b 和 c，分别表示给定的数据中负数、零和正数的个数。

样例输入	样例输出
6 0 1 2 3 −1 0	1 2 3
5 1 2 3 4 0.5	0 0 5
0	

 提示

本题是多组数据，以 $n=0$ 为结束标记，可以按照下面的格式读入：

```
while(scanf("%d", &n), n){
    while(n-- )          //再循环读入 n 个数
    {
                         //读入 1 个数
    }
}
```

需要注意的是，多组数据处理时，相关的变量都应该重新初始化，否则会在前一组的结果上进行运算。

【TOJ1459：求最大值】

题目描述

求 n 个整数中的最大值。

输入描述

输入数据有 2 行，第一行为 $n(1\leqslant n\leqslant 10)$，第二行为 n 个整数。

输出描述

输出 n 个整数中的最大值。

样例输入	样例输出
5	5
1 2 3 4 5	

 提示

求 n 个数的最大值采用如下算法。

（1）输入第 1 个数至 m，即假设第 1 个数最大，设 $i=2$。

57

（2）输入第 i 个数至 a，如果 a 大于 m，则置 $m = a$，否则不执行任何操作。

（3）$i = i+1$。

（4）若 $i \leqslant n$，则转步骤（2）；否则程序结束，m 即为结果。

【TOJ1069：漂亮菱形】

题目描述

```
   *
  ***
 *****
*******
 *****
  ***
   *
```

现给出菱形的高度，要求打印出相应高度的菱形，比如上面的菱形高度为 7。

输入描述

测试数据包括多行，每行 1 个整数 h，h 为奇数，代表菱形的高度。

输入以 0 结束。

输出描述

输出每组对应的菱形。

样例输入	样例输出

1
7
0
	`*`
	`   *`
	`  ***`
	` *****`
	`*******`
	` *****`
	`  ***`
	`   *`

 提示

可以将菱形分为上下两个三角形进行处理。设 $r = (h-1)/2$，上面的三角形有 $r+1$ 行，下面的三角形有 r 行。

（1）对于上面的三角形，外部循环 $r+1$ 次，每行先输出若干空格，再输出若干"*"号，因此内部循环有 2 个。第 i 行（i 从 1 开始计数）空格的个数为 $r+1-i$，"*"号的个数为 $2i-1$。

（2）对于下面的三角形，外部循环 r 次，第 i 行（i 从 1 开始计数）空格的个数为 i 个，"*"号的个数为 $2(r-i)+1$ 个。

【TOJ1064：字符统计】

题目描述

给出一串字符,要求统计出里面的字母、数字、空格以及其他字符的个数。字母为 A、B、…、Z、a、b、…、z,数字为 0、1、…、9,空格为" "(不包括引号),剩下的可打印字符全为其他字符。

输入描述

测试数据有多组。每组数据为一行(长度不超过 100000)。数据至文件结束(EOF)为止。

输出描述

每组输入对应一行输出。包括四个整数 a、b、c、d,分别代表字母、数字、空格和其他字符的个数。

样例输入	样例输出
A0	1 1 1 1

 提示

题目属于多组数据输入,每组数据是一串文本,读者可以通过下一章的"字符数组"存储整串文本,也可以逐个字符读入处理。注意,每组数据的结尾是"换行符",因此当读到"换行符"时,即表示本组数据处理完毕。基本结构如下:

```
while ((c = getchar()) != EOF){
    if (c == '\n'){
        //输出结果,并重新初始化个数
    }
    else
    {
        //判断并计数
    }
}
```

【TOJ1371：求数列的和】

题目描述

数列的定义如下:数列的第一项为 n,以后各项为前一项的平方根,求数列的前 m 项的和。

输入描述

输入数据有多组,每组占一行,由两个整数 $n(n<10000)$ 和 $m(m<1000)$ 组成,n 和 m 的含义如前所述。

输出描述

对于每组输入数据,输出该数列的和,每个测试实例占一行,要求精度保留 2 位小数。

样例输入	样例输出
81 4	94.73
2 2	3.41

提示

注意精度问题,请使用 double 保存结果。

【TOJ3062:自然数对】

题目描述

知道两个自然数 A、B,如果 $A+B$、$A-B$ 都是平方数,那么 A、B 就是自然数对。要求写程序判断给定的两个数 A、B 是否为自然数对。

输入描述

第一行有 1 个整数 T,表示有 T 组测试数据。第二行至第 $T+1$ 行,每行有两个数据 A、B,其中 $0 \leq A+B \leq 2^{31}$ 且 $A > B$。

输出描述

对于每组测试数据输出一行,包含 YES 或者 NO。YES 表示该数对是自然数对,否则输出 NO。

样例输入	样例输出
2	
17 8	YES
3 1	NO

 提示

判断一个数 a 是否为平方数的方法是取 a 的平方根后取整,再计算平方后的值是否等于 a,即设 $b=(\text{int})\text{sqrt}(a)$,判断 $b*b==a$ 是否成立。

【TOJ3063:自然数之和】

题目描述

计算 $S = 1+(1+2)+(1+2+3)+\cdots+(1+2+\cdots+N)$。已知 N,要求写程序求出 S。

输入描述

第一行有 1 个整数 T,表示有 T 组测试数据。第二行至第 $T+1$ 行,每行有 1 个整数 N,$1 \leq N \leq 200$。

输出描述

对于每组输入数据,输出一行,包含一个整数,即此时 S 的值。

样例输入	样例输出
2	1
1	1353400
200	

 提示

寻找规律发现,可以采用双重循环完成,外部循环有 N 次,每 i(从 1 开始)次循环计算

$1+2+\cdots+i$ 的值。内部循环 i 次，即计算 1 到 i 之和。

另外，从以前所学知识可以得到 $1+2+\cdots+i=i(i+1)/2$，因此可以省略内部循环，直接使用该公式。读者也可以不用循环语句，只要进一步推导公式即可。

【TOJ1433：正整数解】

题目描述

现在的任务是：计算方程 $x^2+y^2+z^2=\text{num}$ 的一个正整数解。

输入描述

输入数据包含多个测试实例，每个实例占一行，仅仅包含一个小于等于 10000 的正整数 num。

输出描述

对于每组测试数据，请按照 x、y、z 递增的顺序输出它的一个最小正整数解，每个实例的输出占一行，题目保证所有测试数据都有解。

样例输入	样例输出
3	1 1 1

 提示

本题若枚举所有的 $x(1,2,\cdots,n)$、$y(1,2,\cdots,n)$、$z(1,2,\cdots,n)$ 求解会导致超时。事实上，设 $n=\sqrt{\text{num}}$，则 x、y 和 z 的值均小于 n。因此可以大大提高效率。另外，当找到答案时，由于 break 语句只能跳出一层循环，使用起来不是很方便，使用 goto 语句可以一次跳出任意多层循环，但 goto 语句在结构化程序设计中并不受欢迎。读者在学习完"函数"这一章后，一般可以将此类问题封装成函数形式，当找到结果后用 return 语句返回，自然就结束了所有循环。

```
for(x = 1;x < n;x++)
{
    for(y = 1;y < n;y++)
    {
        for(z = 1;z < n;z++)
        {
            //若找到答案则调用 goto Label1 语句跳出所有循环
        }
    }
}
Label1:
    //输出解
```

使用 break 方法需要再配合一个变量进行处理，结构如下：

```
flag = 0;
for(x = 1;x < n;x++)
{
    for(y = 1;y < n;y++)
```

```
    {
        for(z = 1;z < n;z++)
        {
            if(找到答案)
            {
                flag = 1;
                break;                  //调用 break 跳出最内层循环
            }
        }
        if(flag)
            break;                      //继续跳出第二层循环
    }
    if(flag)
        break;                          //继续跳出外部循环
}
```

【TOJ1375：偶数求和】

题目描述

有一个长度为 $n(n \leqslant 100)$ 的数列,该数列定义为从 2 开始的递增有序偶数,现在要求按照顺序,每 m 个数求出一个平均值,如果最后不足 m 个,则以实际数量求平均值。编程输出该平均值序列。

输入描述

输入数据有多组,每组占一行,包含两个正整数 n 和 m。n 和 m 的含义如上所述。

输出描述

对于每组输入数据,输出一个平均值序列,每组输出占一行。

样例输入	样例输出
3 2	3 6
4 2	3 7

 提示

程序的关键是,在对序列 $2,4,6,8,\cdots,2n$ 共 n 个连续偶数按照每 m 个进行分段。因此在遍历的过程中进行计数,到达 m 个时进行计算输出。基本结构如下:

```
cm = 0, s = 0;
for(i = 2;i < = 2 * n;i + = 2)
{
    if(cm 等于 m)
    {
        //计算平均值并输出
        //重新初始化相关变量
    }
```

```
        //求和并计数
    }
    //输出最后一组平均值
```

2.4　实验 4　数组的使用

2.4.1　实验目的

(1) 掌握一、二维数组的定义和初始化方法。
(2) 掌握数组的赋值、输入输出等方法。
(3) 掌握字符数组和字符串函数的正确使用方法。
(4) 熟悉一些有关数组的常用算法(尤其是排序算法)。

2.4.2　实验预习

(1) 了解一维数组和二维数组的定义语法。
(2) 了解字符串与字符数组的基本概念。

2.4.3　实验任务

【任务 1——程序阅读】
阅读并测试以下代码,熟悉一维数组和二维数组的基本使用方法。

 题目分析

(1) 数组事实上就是一系列变量在内存中呈现有序的分布,即这些变量的内存地址是连续的。因为存在这种连续性,所以可以使用循环语句有规律地进行数组元素的读写(读是指从数组中读取数组元素,写是指对数组元素赋值)。

(2) 二维数组需要展开成一维数组才可以存入内存,因此它按行优先的顺序进行存储,即上一行的最后一个元素与下一行的第一个元素在内存中是彼此相邻的。

 参考程序

```c
# include < stdio.h>
int main()
{
    int a[3], b[2][3], i, j;
    for(i = 0;i < 3;i++)
        scanf("% d",&a[i]);
    printf("a: \n% d % d % d\n", a[0], a[1], a[2]);
    for(i = 0;i < 2;i++){
```

```
    for(j = 0;j < 3;j++){
        scanf("%d", &b[i][j]);
    }
}
printf("b:\n");
printf("%d %d %d\n", b[0][0], b[0][1], b[0][2]);
printf("%d %d %d\n", b[1][0], b[1][1], b[1][2]);
//以循环方式输出
for(i = 0;i < 2;i++){
    for(j = 0;j < 3;j++){
        if(j!= 0)
            putchar(' ');          //输出空格
        printf("%d", b[i][j]);
    }
    putchar('\n');              //输出换行
}
return 0;
}
```

【任务 2——TOJ1176：数组逆序】

题目描述

输入 10 个整数存入一维数组,按逆序重新存放后再输出。

输入描述

输入包括一行,包含 10 个以空格分隔的整数。

输出描述

逆序的 10 个整数,整数以空格隔开。

样例输入	样例输出
1 3 5 9 7 6 8 2 4 0	0 4 2 8 6 7 9 5 3 1

 题目分析

本题的要求是将数组元素全部逆置之后再输出,一种方法是再定义一个同样大小的数组,将原数组从后往前按顺序逐个赋值到新数组中,但这样新增加了一倍的内存空间。另一种方法不必定义新数组,只要将数组的第 1 个元素和最后 1 个元素交换,第 2 个元素和倒数第 2 个元素交换,…,第 5 个元素和倒数第 5 个(即第 6 个)元素交换。这样就将 10 个元素的数组逆置。交换两个元素的过程可以想象成在交换两杯水,增加一只空杯子,即可完成交换过程。交换两个数 a、b 的代码如下(a 初始值为 1,b 为 2,交换后 a=2,b=1):

```
int a = 1, b = 2, t;
t = a;
a = b;
b = t;
```

若数组的元素个数为 n,只要将交换过程执行 $n/2$ 遍循环即可。此外,如果 n 为奇数,如 $n=9$,那么只需要执行 $9/2=4$(两个整数相除将取整)遍循环。

【任务 3——TOJ1386：进制转换】

题目描述

输入一个十进制数 N,将它转换成 R 进制数输出。

输入描述

输入数据包含多个测试实例,每个测试实例包含两个整数 N(32 位整数)和 R($2 \leqslant R \leqslant 16$,$R \neq 10$)。

输出描述

为每个测试实例输出转换后的数,每个输出占一行。如果 R 大于 10,则对应的数字规则参考十六进制(比如,10 用 A 表示,等等)。

样例输入	样例输出
7 2	111
23 12	1B
−4 3	−11

 题目分析

我们知道,二进制数 $(111)_2$ 对应的十进制数是将自右向左的各位数字作为系数与 2 的 0 次方、1 次方、2 次方相乘后再相加,即 $1 \times 2^2 + 1 \times 2^1 + 1 \times 2^0 = 7$,而将十进制数 7 反过来求二进制数的过程就可以不断地除以 2 并取余数法得到(该过程得到的恰好是上述算式中的各项系数)。十进制转换为其他进制的过程与此类似。为了实现上述方法,可以使用一个整数数组存储上述过程中的各个余数,如果 R 的值大于 10,那么余数值可能也大于 10,此时需要用大写字母来输出。如 10 用 A、11 用 B……表示。即输出:'A' $+ (x-10)$,假设 $x>10$。对于输入的 N 值为负数的情况,只需要输出一个负号后,将 N 取作其绝对值再进行转换即可。另外,一个值得注意的数据是 0 的情况。

【任务 4——TOJ1168：最大或最小值】

题目描述

有一个长度为 n 的整数序列。请写一个程序,把序列中的最小值与第一个数交换,最大值与最后一个数交换。最后输出转换好的序列。

输入描述

输入包括两行。第一行为正整数 $n(1 \leqslant n \leqslant 10)$。第二行为 n 个正整数组成的序列。

输出描述

输出转换好的序列。数据之间用空格隔开。

样例输入	样例输出
5	1 2 3 4 5
2 1 5 4 3	

题目分析

本题的第一个问题是如何求一个序列的最大或最小值,基本思路是用一个变量 m 存储当前的最大值(或最小值),初始值为第一个序列元素。从第二个元素开始,不断地与 m 作比较,如果当前元素更大(或更小),则更新 m 的值。处理完所有元素之后,m 就是最大值(或最小值)。一个值得注意的问题是当最大值出现在序列中的第一个的情况,此时第一次交换后将导致最大值的位置发生改变。

 错误程序

```c
#include<stdio.h>
int main()
{
    int n, a[10], i, max, min, maxi, mini;
    scanf("%d",&n);
    for(i=0;i<n;i++)
    {
        scanf("%d",&a[i]);
    }
    max=a[0];
    min=a[n-1];
    for(i=0;i<n;i++)
    {
        if(a[i]<min)
            {min=a[i];mini=i;}
        if(a[i]>max)
            {max=a[i];maxi=i;}
    }
    a[mini]=a[0];
    a[0]=min;
    a[maxi]=a[n-1];
    a[n-1]=max;
    for(i=0;i<n-1;i++)
        printf("%d ",a[i]);
    printf("%d\n",a[n-1]);
    return 0;
}
```

【任务 5——TOJ1481:鞍点】

题目描述

找出具有 m 行 n 列二维数组 Array 的"鞍点",即该位置上的元素在该行上最大,在该列上最小,其中 $1 \leqslant m$, $n \leqslant 10$。

输入描述

输入数据有多行,第一行有两个数 m 和 n,下面有 m 行,每行有 n 个数。

输出描述

按下列格式输出鞍点:

```
Array[i][j] = x
```

其中 x 代表鞍点,i 和 j 为鞍点所在的数组行和列下标,通常规定数组下标从 0 开始。一个二维数组并不一定存在鞍点,此时应输出 None。要保证不会出现两个鞍点的情况,比如:

```
3 3
1 2 3
1 2 3
3 6 8
```

样例输入	样例输出
3 3 1 2 3 4 5 6 7 8 9	Array[0][2]=3

 题目分析

对二维数组的每一行执行以下操作:先使用求最大值的方法找出行中的最大值,并记下该最大元素 m 及其列标,根据该列标遍历该列的所有元素,如果没有一个元素比 m 小,那么这个元素就是鞍点,输出并退出循环即可(题意已经说明,数据中不会出现多个鞍点)。如果遍历所有行均没有发现鞍点(如果找到鞍点,可以设置一个变量标记,用该标记便可以判断没有鞍点的情况)。

【任务 6——TOJ1423:数塔】

题目描述

有如图 2-2 所示的数塔,要求从顶层走到底层,若每一步只能走到相邻的节点,则经过的节点的数字之和最大是多少?

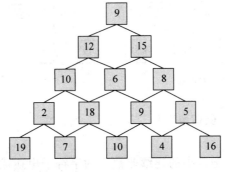

图 2-2　数塔问题

输入描述

输入数据首先包括一个整数 C,表示测试实例的个数,每个测试实例的第一行是一个整数 $N(1 \leqslant N \leqslant 100)$,表示数塔的高度,接下来用 N 行数字表示数塔,其中第 i 行有 i 个整数,

67

且所有的整数均在区间[0，99]内。

输出描述

对于每个测试实例，输出可能得到的最大和，每个实例的输出占一行。

样例输入	样例输出
1	30
5	
7	
3 8	
8 10	
2 7 4 4	
4 5 2 6 5	

 题目分析

本题可以采用自顶向下或者自底向上的方法计算。自顶向下的方法是将上一行中与其相连的节点最大值加到当前节点中。如题目描述中的例图（见图 2-2），第二行中的节点分别为 12+9=21、15+9=24；第三行的节点分别为 10+21=31、6+24=30、8+24=32，最终各个节点将更新为图 2-3 所示的结果。对最后一排求最大值，即得到最终的结果为 59。自底向上的方法类似，只是将下一行中与其相连的节点的最大值累加到上一行的节点中，最后第一行中唯一的节点即为最终值（见图 2-4）。

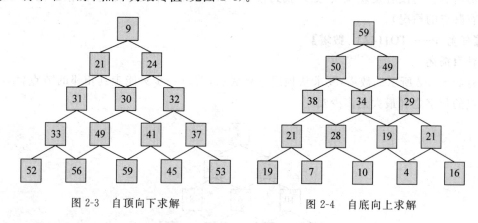

图 2-3　自顶向下求解　　　　　　图 2-4　自底向上求解

【任务 7——TOJ1169：保留整数】

题目描述

输入一个字符串 str1，把其中的连续非数字的字符子串换成一个"＊"，存入字符数组 str2 中，所有数字字符也必须依次存入 str2 中。输出为 str2。

输入描述

输入一行字符串 str1，其中可能包含空格。字符串长度不超过 80 个字符。

输出描述

输出处理好的字符串 str2。

样例输入	样例输出
$ Ts! 47& * s456 a23 * ＋B9k	* 47 * 456 * 23 * 9 *

 题目分析

对于"数字字符"可以直接输出,而对于"非数字字符"连续子串,其中的第一个字符输出
" * ",而其他字符被跳过,直到碰到下一个"数字字符"为止,解决这个问题的关键方法是使
用变量标记状态,在初始时设定一个标记 f＝0,一旦碰到"非数字字符"就将该标记设置为
f＝1,这样就可以根据标记 f 的值来确定是否为第一个"非数字字符"了。注意 f 的标记应该
在碰到"数字字符"后要重新设置为 f＝0,以用于判断下一个"非数字字符"连续子串。

【任务 8——TOJ1479:排序】

题目描述

输入 10 个不同的整数,将它们从小到大排序后输出,并给出每个元素在原来序列中的
位置。

输入描述

输入数据有一行,包含 10 个整数,用空格分开。

输出描述

输出数据有两行,第一行为排序后的序列,第二行为排序后各个元素在原来序列中的
位置。

样例输入	样例输出
1 2 3 5 4 6 8 9 10 7	1 2 3 4 5 6 7 8 9 10
	1 2 3 5 4 6 10 7 8 9

 题目分析

本题的第一个问题是按从小到大的顺序排列,第二个问题是确定排序后的每个元素在
原序列中的位置,排序的问题可以通过冒泡法、选择法等算法进行,而查找位置可以通过在
原序列中进行线性搜索。但事实上,可以将两个问题合并,在排序过程中,交换两个元素的
同时,也交换对应的位置值即可,一旦排序完成,位置序列也已经得到。比如采用冒泡法对
样例排序的过程如下:

原始序列:1 2 3 5 4 6 8 9 10 7　　第一趟→　序列:1 2 3 4 5 6 8 9 7 10　　第二趟→

原始位置:1 2 3 4 5 6 7 8 9 10　　　　　　位置:1 2 3 5 4 6 7 8 10 9

序列:1 2 3 4 5 6 7 8 9 10　　第三趟→　序列:1 2 3 4 5 6 7 8 9 10

位置:1 2 3 5 4 6 7 10 8 9　　　　　　位置:1 2 3 5 4 6 10 7 8 9　　完成

2.4.4　相关题库

【TOJ1480：约瑟夫问题】

题目描述

n 个人想玩残酷的"死亡"游戏,游戏规则如下:

n 个人进行编号,分别从 1 到 n,排成一个圈,顺时针从 1 开始数到 m,数到 m 的人"被杀",剩下的人继续游戏,活到最后的一个人是胜利者。请输出最后一个人的编号。

输入描述

输入 n 和 m 值。$1 < n, m < 150$。

输出描述

输出胜利者的编号。

样例输入	样例输出
5 3	4

 提示

第一轮:3 号游戏者被杀。

第二轮:1 号游戏者被杀。

第三轮:5 号游戏者被杀。

第四轮:2 号游戏者被杀。

本题最直接的方法是模拟"死亡"过程。将 n 个人的编号存于一维数组中,i 表示每次开始数数的人对应的数组下标。初始情况下 $k=0$,表示从 1 号开始计数,数 m 次后下标为 $k=k+m-1$ 的人将"被杀"。但由于围成一圈,当 m 较大时,k 值可能达到 n 以上(最后一个人存储元素的下标为 $n-1$),此时要回到下标为 0 处继续计数,因此对所求的 k 做求余处理 $k=(k+m-1)\%n$。

找到下一个"被杀"目标后,将该下标位置后面的数组元素全部前移一位,组成一个 $n-1$ 规模的数组后继续上述过程,直到 $n=0$ 为止。图 2-5 是当 $n=5$、$m=3$ 的部分处理过程。

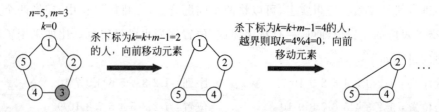

图 2-5　约瑟夫模拟示例图

以上实现的效率较低,最低效率为 $O(n^2)$,本题只要求最后的胜利者,并不需要记录中间过程,因此还可以进一步优化。将初始时的约瑟夫环下标表示为:

$$0, 1, 2, 3, 4, 5, \cdots, n-1, n$$

第一次找到"被杀"者(下标为 $(m-1)\%n$)后,将从下标 $k=m\%n$ 重新开始计数,此时我们将剩下的人重新组成一个规模为 $n-1$ 的约瑟夫环:

$$k, k+1, k+2, \cdots, n-2, n-1, 0, 1, 2, \cdots, k-2$$

此时除了两者相差 k 偏移量外,与初始情况下是完全一致的,因此是 n 规模约瑟夫环的一个子问题。若 x 是 $n-1$ 约瑟夫环的最终胜利者,那么 n 约瑟夫环的最终胜利者 $x' = (x+k)\%n$(如果 $x=0$,则 k 号为最终胜利者)。设 $F[i]$ 表示 i 个人玩游戏报 m 时的最终胜利者下标,得到以下递推式:

$F[1] = 0$ //只有 1 个人

$F[i] = (F[i-1]+k)\%i = (F[i-1]+m\%i)\%i = (F[i-1]+m)\%i \ (i>1)$

有了上述递推式,只要一轮循环便可以实现了,效率提高到了 $O(n)$。

【TOJ1075:两数组最短距离】

题目描述

已知元素从小到大排列的两个数组 $x[]$ 和 $y[]$,请写出一个程序,算出两个数组彼此之间差的绝对值中最小的一个,这叫作数组的距离。

输入描述

第一行为两个整数 m,$n(1\leqslant m, n\leqslant 1000)$,分别代表数组 $f[]$,$g[]$ 的长度。

第二行有 m 个元素,为数组 $f[]$。

第三行有 n 个元素,为数组 $g[]$。

输出描述

数组的最短距离。

样例输入	样例输出
5 5	1
1 2 3 4 5	
6 7 8 9 10	

提示

两个数组之间两两比较,算法的复杂度为 $O(nm)$,但根据题意,两个数组已经按照从小到大顺序排列,因此可以进一步优化。

$X_1, X_2, X_3, X_4, \cdots$

$Y_1, Y_2, Y_3, Y_4, \cdots$

如上两个有序序列,观察发现,设 m 为最小距离值,初始情况下 $i=j=0$,则:

(1) 若 $X_i < Y_j$,则说明 Y_j 之后的所有数都大于 X_i。接下来比较 X_i+1 与 Y_j。

(2) 若 $X_i > Y_j$,则说明 X_i 之后的所有数都大于 Y_j。接下来比较 X_i 与 Y_j+1。

(3) 若 $X_i = Y_j$,则已经找到一个最小距离 0,退出。

【TOJ1382：首字母变大写】

题目描述

输入一个英文句子,将每个单词的第一个字母改成大写字母。

输入描述

输入数据包含多个测试实例,每个测试实例是一个长度不超过 100 的英文句子,占一行。

输出描述

请输出按照要求改写后的英文句子。

样例输入	样例输出
i like acm	I Like Acm
i want to get an accepted	I Want To Get An Accepted

 提示

该题的关键是区分第一个字母和其他字母,使用一个变量 flag=0 遍历字符串,若:

(1) 当前字符为字母时,若 flag=0,则表示是首个字母,改成大写并修改 flag=1。

(2) 当前字符为空格时,置 flag=0。

【TOJ1466：各位数字之和排序】

题目描述

给定 n 个正整数,根据各位数字之和从小到大进行排序。

输入描述

输入数据有多组,每组数据占一行,每行的第一个为正整数 $n(1 \leqslant n \leqslant 20)$,表示整数个数,后面接 n 个正整数。当 n 为 0 时,不做任何处理,输入结束。

输出描述

输出每组排序的结果。

样例输入	样例输出
2 1 2	1 2
3 121 10 111	10 111 121
0	

 提示

本题是基本排序算法的扩展,可以采用任何一种排序算法(如冒泡排序、选择排序等)实现。只是在比较两个元素时计算各位数字的和,计算整数 n 的各位数字之和的方法是:不断累加 n 除以 10 的余数,并置 $n = n/10$,直到 $n=0$ 为止。

【TOJ1163：统计 1 到 N 之间数字 1 的个数】

题目描述

N 为正整数,计算从 1 到 N 的所有整数中包含数字 1 的个数。比如,$N=10,1,2,\cdots,$

10 中包含 2 个数字 1。

输入描述

输入数据有多组测试数据,每一组占一行,每行为一个数字 N,其中 $1 \leqslant N \leqslant 9999$。以 0 作为结束符。

输出描述

输出 1 到 N 所有整数中 1 的个数,每个测试占一行。

样例输入	样例输出
1	1
2	1
3	1
4	1
5	1
6	1
7	1
8	1
9	1
0	

 提示

本题若采用常规的方法可能会超时,事实上若已知 $1,2,3,\cdots,i$ 之间 1 的个数,只要再计算 $i+1$ 中 1 的个数,便可以得到 $1,2,3,\cdots,i,i+1$ 之间 1 的个数。

设 $F[i]$ 表示 $1 \sim i$ 中的数字 1 的个数,$G[i]$ 表示 i 包含 1 的个数。那么有递推式:

$F[1] = 1$

$F[i+1] = F[i]+G[i+1]$

$G[i]$ 计算方法为:不断判断 n 除以 10 的余数是否为 1,累计个数并置 $n = n/10$,直到 $n=0$ 为止。

一次性计算出 $F[1],F[2],\cdots,F[9999]$,根据下标直接输出相应的值即可,从而使用空间换取了时间,大大提高了效率,复杂度为 $O(n)$。

【TOJ2624:避雨】

题目描述

今天是个幸福的日子,小陈和他女朋友出去逛街,可惜天公不作美,突然下起大雨,小陈只好和他女朋友快速找一处地方躲雨。请你编一个程序帮他们找到最近的一处地方躲雨,你能做到吗?

输入描述

第一行为 t,表示有 t 组数据。每组数据的第一行为整数 n 和 m($0<m<10,0<n<10$),接下来有 n 行数据,每行有 m 个字符(只可能是 'd','s','.'),其中 s 表示小陈和他女朋友的位置,d 表示躲雨的位置。

输出描述

输出最近的躲雨点坐标 (i,j),即第 i 行第 j 列。若有多个点距离相等,则输出行数最小的那个坐标。若行数相等,则输出列数最小的坐标。下标均从 0 开始,输出格式见样例。

样例输入	样例输出
1 4 5 ..d.. ...s. d...d ...d.	(0,2)

 提示

通过二维字符数组存储地图信息,可以在读入过程中或者重新遍历一遍找到 s 的坐标值,记为 si 和 sj。

设初始最小值 m＝MAX_INT,MAX_INT 表示整型最大值,可以取 0X7FFFFFFF 或自行通过计算器计算。再重新遍历一遍整个地图,在碰到字母"d"时,在其坐标值与"s"的坐标值之间求距离 dist(可以省略开平方,直接用距离的平方)。若比当前 m 小,则置 m＝dist,并记录坐标值。

【TOJ3107:进制转换Ⅱ】

题目描述

给定一个二进制表示的非负整数,将其转换为十六进制数。

输入描述

输入数据有多组,第一行为数据的组数 T,接下来有 T 组数据。每组数据占一行,每行为一个二进制整数(不含多余的前导 0),最多 1000 位。

输出描述

输出对应的十六进制数,字母用大写表示。

样例输入	样例输出
2 1111 10100100	F A4

 提示

本题为处理字符串模拟转换过程。二进制转换为十六进制的过程是,从低位向高位(自右向左),每 4 位截为一段,到最后不足 4 位时在高位用零补足 4 位。每个 4 位的二进制数刚好可以表示一个十六进制数,对应如下:

0000 → 0 0001 → 1 0010 → 2 0011 → 3

0100 → 4 0101 → 5 0110 → 6 0111 → 7

1000 → 8 1001 → 9 1010 → A 1011 → B

1100 → C 1101 → D 1110 → E 1111 → F

在实现时,字符串反向遍历,并用一个变量来计数,如果到达 4 位或者字符串到达开始处就可以进行转换,转换的结果存入一个新的数组。注意转换结束后应该加入结束符'\0',并反向输出。

2.5　实验 5　函数的定义与调用

2.5.1　实验目的

（1）函数的定义和调用。
（2）形参与实参的对应关系及值传递方式。
（3）局部变量与全局变量、动态变量与静态变量的概念、区别与使用方法。
（4）函数的嵌套调用与递归调用的概念与方法。

2.5.2　实验预习

（1）了解函数的定义和调用的语法。
（2）了解局部变量、全局变量和静态变量的区别。
（3）了解递归函数的基本概念。

2.5.3　实验任务

【任务 1——程序阅读】

阅读并测试以下代码,熟悉函数的定义和调用语法,了解局部变量、全局变量和静态变量之间的区别。

 题目分析

（1）函数调用时是将实参对应内存中的值复制到形参对应的内存中。
（2）函数返回值是将值先复制到临时的对象,并在调用结束之后赋值给需要的变量。
（3）递归函数是在函数内部调用自身,没有结束条件会导致死循环。
（4）局部变量存储于栈区（一般只有 4MB）,因此需要及时释放内存,所以在进入函数调用时分配,退出函数自动释放空间。全局变量、静态局部变量存放在全局（静态）存储区,第一次定义时分配空间,程序结束之后才释放空间,因此在程序执行过程中始终有效。

 参考程序

```c
# include < stdio. h>
int f1( int param1, int param2)              //普通函数
{
    printf( " % d % d\n", param1, param2);   //输出
```

```
        return param1 + param2;          //返回值为2
    }
    void f2(int n)                       //递归函数
    {
        if(n == 0)
            return;                      //将此条件以及 return 语句去掉,试一下结果
        printf("%d\n",n);
        f2(n-1);
    }
    int g_v,i;                           //全局变量
    void f3()
    {
        int l_v = 0;                     //局部变量
        static int s_v;                  //静态变量
        printf("%d %d %d\n",g_v,l_v,s_v);
        l_v++,g_v++,s_v++;
    }
    int main()
    {
        //函数调用,实参1和2传递给形参 param1、param2
        printf("%d\n",f1(1,2));
        printf("递归:\n");
        f2(3);
        for(i = 0;i < 4;i++)
            f3();
        return 0;
    }
```

【任务 2——TOJ1179:最小公倍数和最大公约数】

题目描述

从键盘输入两个正整数,求这两个正整数的最小公倍数和最大公约数并输出。

输入描述

输入包括一行。

两个以空格分开的正整数。

输出描述

两个整数的最小公倍数和最大公约数。

样例输入	样例输出
6 8	24 2

 题目分析

可以使用辗转相除法(递归形式或者非递归形式)求最大公约数,其算法描述如下:

(1) 输入 m 和 n；

(2) m mod $n \rightarrow r$（表示 m 除以 n 的余数）；

(3) 如果 $r=0$，则执行(6)；

(4) $n \rightarrow m$，$r \rightarrow n$，即把除数作为新的被除数；把余数作为新的除数；//辗转相除

(5) 重复执行步骤(2)～步骤(4)；

(6) n 即为最大公约数，输出 n。

另外，m 和 n 的最小公倍数为 $m/$（最大公约数）$* n$，以 $m=30$、$n=18$ 为例，其过程如下：

(1) 30 除以 18 的余数为 12，因此 $r=12$；

(2) 由于 r 不为 0，因此执行辗转相除后 $m=18$、$n=12$，继续求余数得 $r=6$；

(3) r 仍然不为 0，因此执行辗转相除后 $m=12$、$n=6$，继续求余数得 $r=0$；

(4) 退出，$n=6$ 即为最大公约数，最小公倍数为 $30/6 \times 18 = 90$。

若采用递归形式，设 $f(m,n)$ 表示 m 和 n 的最大公约数，其算法形式如下：

(1) 若 $r=m$ mod n 为 0，$f(m,n)=n$；　　//用于设计递归的结束条件

(2) 否则 $f(m, n)=f(n, r)$；　　//递归调用

由于初始情况下 m 和 n 都不为 0，因此也可以描述为：

(1) 若 n 为 0，$f(m, n)=m$；　　//用于设计递归的结束条件

(2) 否则 $f(m,n)=f(n,m$ mod $n)$；　　//递归调用

 参考程序

```c
#include <stdio.h>
//求最大公约数
int gcd(int m, int n){
    return n?gcd(n, m % n):m;
}
//求最小公倍数
int lcm(int m, int n){
    return m/gcd(m,n) * n;
}
int main(){
    int a, b;
    scanf("%d%d",&a,&b);
    printf("%d %d\n",lcm(a,b), gcd(a,b));
}
```

【任务 3——TOJ1245：寻找素数对】

题目描述

给定任意一个偶数，来寻找两个素数，使得其和等于该偶数。由于可以有不同的素数对来表示同一个偶数，所以专门要求所寻找的素数对是两个值最相近的，而且素数对中的第一

个数不大于第二个数。

输入描述

输入中是一些偶整数 $M(5 < M \leqslant 10000)$。

输出描述

对于每个偶数,输出两个彼此最接近的素数,其和等于该偶数。

样例输入	样例输出
20	7 13
30	13 17
40	17 23

 题目分析

为了保证得到两个最近的素数,假设 $n = p + q$,可以从 $p = n/2$ 和 $q = n/2$ 开始判断,p 的值不断地减 1,q 的值不断地加 1,这样一直判断到 p 和 q 均为素数为止。所谓素数是指只能被 1 和自身整除的数(2 也是素数),因此判断 m(假设 $m > 2$)是否为素数的方法是:判断 m 是否能被 $2 \sim m-1$(记为区间 A)中的某个数整除,若存在这样的数,则 m 不是素数,否则就是素数。但事实上,只要判断 $2 \sim \lfloor \sqrt{m} \rfloor$($\lfloor \quad \rfloor$ 表示下取整,记为区间 B)中是否存在被 m 整除的数即可。证明已经在 2.3.3 小节"任务 7——TOJ1374"中给出。

 参考程序

```c
#include <stdio.h>
#include <math.h>
//判断素数,"是"返回 1,"否"返回 0
int prime(int m)
{
    int n = sqrt(m), i;
    for(i = 2; i <= n; i++)
    {
        if(m % i == 0)
            return 0;
    }
    return 1;
}
int main()
{
    int n;
    while(scanf("%d", &n) != EOF)
    {
        int p = n/2, q = n-p;
        while(p >= 0)
        {
```

```
            if(prime(p) == 1 && prime(q) == 1)
            {
                printf("%d %d\n", p, q);
                break;
            }
            p--;
            q++;
        }
    }
    return 0;
}
```

【任务 4——TOJ3061：平均数和标准差】

题目描述

求 5 个数的平均数和标准差。标准差的计算公式为：

$$S = \sqrt{\dfrac{\sum\limits_{i=1}^{n}(s_i - \overline{s})^2}{n}}$$

输入描述

第一行为一个正整数 T，表示有 T 组测试数据。以下每行是一组数，每组数由空格分开的 5 个正整数构成，每个整数不大于 1000。

输出描述

对于每组数据输出一行，即平均数和标准差，两个数据均保留 3 位小数，并且以一个空格隔开。

样例输入	样例输出
2	1.000 0.000
1 1 1 1 1	3.200 1.720
1 2 3 4 6	

 题目分析

错误案例中的代码使用了 Avg 函数用于求 n 个元素的平均值，Sd 函数用于求 n 个元素的标准差，这两个函数的参数都是一个数组 a 和长度 n，这样这两个函数就可以处理任何长度的序列。但程序存在错误，需要修改之后在实验系统中提交通过。

 错误程序

```
# include <stdio.h>
# include <math.h>
//double P2(double a);
```

```
double avg, sd;                    //全局变量,存储平均值和方差
double Avg(int a[ ], int n)
{
    int i, s = 0;
    for( i = 0; i < n; i++ )
        s  += a[ i ];
    return s/n;
}


double Sd( int a[ ], int n)
{
    int i;
    double avg;
    for( i = 0; i < n; i++ )
    {
        sd  += P2( a[ i ] − avg);
    }
    return sd/n;
}

double P2( double a)
{
    return a * a;
}
int main( )
{
    int cas, s[5], i;
    scanf(" % d",&cas);
    while( cas −− )
    {
        for( i = 0; i < 5; i++ )
            scanf(" % d",&s[ i ]);
        avg  =  Avg( s, 5);
        sd  =  Sd( s, 5);
        printf(" % .3f  % .3f\n",avg,sd);
    }
    return 0;
}
```

【任务 5——TOJ1482：计算表达式】

题目描述

计算下列表达式值:

$$f(x,n) = \sqrt{n + \sqrt{(n-1) + \sqrt{(n-2) + \sqrt{\cdots + \sqrt{1+x}}}}}$$

输入描述

输入 x 和 n 的值，其中 x 为非负实数，n 为正整数。

输出描述

输出 $f(x,n)$，保留 2 位小数。

样例输入	样例输出
3 2	2.00

 题目分析

根据公式的特点，可以发现 $f(x,n)$ 和 $f(x,n-1)$ 之间存在递推式，根据这个递推式就可以写出递归函数，要注意递归函数必须有结束的条件，否则会造成死循环。

 参考程序

```c
#include <stdio.h>
#include <math.h>
double f(int n, double x)
{
    if(n > 1)
        return sqrt(n + f(n-1, x));
    return sqrt(1 + x);        //n≤1 时的情况不再递归了
}
int main(){
    int n;
    double x;
    scanf("%lf%d",&x,&n);
    printf("%.2f\n",f(n,x));
    return 0;
}
```

【任务 6——TOJ1483：汉诺塔】

题目描述

汉诺塔(又称河内塔)问题是印度的一个古老的传说。开天辟地的神勃拉玛在一个庙里留下了三根金刚石的棒 A、B 和 C，A 上面套着 n 个圆形的金片，最大的一个在底下，其余一个比一个小，依次叠上去，庙里的众僧不知疲倦地把它们一个个地从 A 棒搬到 C 棒上，规定可利用中间的一根 B 棒作为帮助，但每次只能搬一个，而且大的不能放在小的上面。僧侣们搬得汗流满面，可惜当 n 很大时，100 年可能也无法搬完。

你能写一个程序帮助僧侣们完成这辈子的凤愿吗？

输入描述

输入金片的个数 n。这里的 $n \leqslant 10$。

输出描述

输出搬动金片的全过程。格式见样例。

样例输入	样例输出
2	move disk 1 from A to B
	move disk 2 from A to C
	move disk 1 from B to C

 题目分析

如果只有 $n=1$ 个金片,那么只要将第 n 个金片从 A 处搬到 C 处即可。如果已知 $n-1$ 个金片的搬动方法,那么对于 n 个金片的情况,可以分为 3 个步骤。

(1) 首先可以借助 c,将上面的 $n-1$ 个金片从 a 搬到 b,此处相当于递归。

(2) 将第 n 个金片直接移到 c 上。

(3) 再借助 a,将刚才的 $n-1$ 个金片从 b 搬到 c,此处也相当于递归。

如果设 $\mathrm{Hanoi}(n, a, b, c)$ 表示将 n 个金片从 a 棒(借助 b 棒)搬到 c 棒,$\mathrm{move}(n, a, b)$ 表示将第 n 个金片直接从 a 棒搬到 b 棒,那么上述步骤相当于:

(1) $\mathrm{Hanoi}(n-1, a, c, b)$:即将 $n-1$ 个金片从 a 棒(借助 c 棒)搬到 b 棒。

(2) $\mathrm{move}(n, a, c)$:金片 n 直接从 a 棒搬到 c 棒。

(3) $\mathrm{Hanoi}(n-1, b, a, c)$:即将 $n-1$ 个金片从 b 棒(借助 a 棒)搬到 c 棒。

以下程序由于没有递归结束判断,所以存在问题,请修正后在系统中提交。

 错误程序

```
#include <stdio.h>
//将第 n 根柱子从 a 移到 b
void move(int n, char a ,char b){
    printf("Move disk %d from %c to %c\n", n, a, b);
}
//借助 b,把 n 个盘从 a 移到 c
void Hanoi(int n, char a, char b, char c){
    Hanoi(n-1, a, c, b);
    move(n, a, c);
    Hanoi(n-1, b, a, c);
}
int main(){
    int n;
    while (scanf(" %d",&n)!= EOF)
        Hanoi(n,'A','B','C');
    return 0;
}
```

2.6　实验 6　预处理命令

2.6.1　实验目的

(1) 掌握一般宏定义和带参数的宏定义方法。

(2) 掌握文件包含的处理方法。

(3) 掌握条件编译的方法。

2.6.2　实验预习

了解宏定义、文件包含、条件编译的语法。

2.6.3　实验任务

【任务 1——程序阅读】

阅读并测试以下代码,熟悉基本宏定义和带参数宏定义的基本语法,掌握自定义头文件的语法。

 题目分析

♯开头的语句为预编译指令,编译器在编译之前对这些指令进行处理。如处理 ♯define PI 3.1415926 指令时,先将源码中的所有 PI 字符串替换为 3.1415926;处理 ♯include "global.h" 时会将头文件 global.h 中的源码包含到此处;♯define MAX 用于定义一个符号 MAX,在 ♯ifdef 指令中使用;♯undef MAX 则取消符号的定义。

由于 ♯ifdef…♯else 属于预编译指令,因此若定义过 MAX 符号,则存在 ♯define max(a,b) ((a)>(b)? (a):(b)) 的定义,否则存在 ♯define min(a,b) ((a)<(b)? (a):(b)) 的定义,因此 max 和 min 无法同时使用。

 参考程序

```
//创建 main.cpp 文件,编写以下代码
♯ include "global.h"
♯ define MAX
//♯ undef MAX//去掉注释语句试试
♯ ifdef MAX
♯ define max(a,b) ((a)>(b)?(a):(b))
♯ else
♯ define min(a,b) ((a)<(b)?(a):(b))
♯ endif
int main()
{
    int r, a, b;
```

```
    scanf("%d",&r);
    printf("圆面积:%.2f\n",PI*r*r);
    scanf("%d%d", &a, &b);
    printf("最大值:%d\n",max(a, b));
    //printf("最小值:%d\n",min(a, b));          //去掉注释试试
    return 0;
}
//创建 global.h 文件,编写以下代码
#include<stdio.h>
#define PI 3.1415926
```

【任务 2——TOJ1493:圆柱体计算】

题目描述

已知圆柱体的底面半径 r 和高 h,计算圆柱体底面周长和面积、圆柱体侧面积以及圆柱体体积。

输入描述

输入数据有一行,包括 2 个正实数 r 和 h,以空格分隔。

输出描述

输出数据一行,包括圆柱体底面周长和面积、圆柱体侧面积以及圆柱体体积,以空格分开,所有数据均保留 2 位小数。

样例输入	样例输出
1 2	6.28 3.14 12.57 6.28

 题目分析

本题的目的是为了熟悉 C 语言中宏的定义方法,可以使用普通的宏来定义圆周率,并使用带参数的宏定义周长、面积、侧面积和体积。定义的过程中使用了宏的嵌套定义。各个值计算如下。

圆柱体底面周长:$C = 2\pi r$

圆柱体底面面积:$S = \pi r^2$

圆柱体侧面积:$S_{侧} = Ch = 2\pi rh$

圆柱体体积:$V = Sh = \pi r^2 h$

❌ 错误程序

```
#include<stdio.h>
#define PI 3.1415926;
#define L(r) PI*r+PI*r
#define S(r) PI*r*r
#define S2(r,h) L(r)*h
```

```
#define S3(r,h) S(r) * h
int main()
{
    double r,h;
    scanf("%lf%lf",&r,&h);
    printf("%.2f %.2f %.2f %.2f\n",L(r),S(r),S2(r,h),S3(r,h));
    return 0;
}
```

【任务 3——简单模块化编程】

模块化程序设计推荐准则如下：

(1) 在头文件(.h)中声明模块的接口，在源文件(.cpp 或.c)中实现模块的细节。

(2) 模块的外部函数及数据在头文件(.h)中文件中以 extern 关键字声明。

(3) 模块内的函数和全局变量在源文件(.cpp 或.c)中以 static 关键字声明(在模块外不可以调用)。

(4) 不在.h 文件中定义变量，只声明变量(区别在于定义变量会产生内存分配)。

题目描述

使用模块化程序设计方法编写简单的计算器代码，能够完成整数的加、减、乘、除运算。

实验步骤

(1) 参照 1.1 节中的方法创建项目 Calculator，并创建 3 个文件，分别是 integer.h、integer.cpp 和 main.cpp，其中 integer.h 和 integer.cpp 是整型计算器模块，main.cpp 为主程序。

(2) 在 integer.h 中声明接口，包括：

```
//函数声明
extern int Add( int a, int b);
extern int Sub( int a, int b);
extern int Mult( int a, int b);
extern int Div( int a, int b);

//宏的形式
#define ADD(a,b) Add(a,b)
#define SUB(a,b) Sub(a,b)
#define MULT(a,b) Mult(a,b)
#define DIV(a,b) Div(a,b)
```

(3) 在 integer.cpp 中实现接口，代码如下：

```
#include "integer.h"
int Add( int a, int b)
{
    return a + b;
}
```

```
int Sub(int a, int b)
{
    return a - b;
}
int Mult(int a, int b)
{
    return a * b;
}
int Div(int a, int b)
{
    return a/b;
}
```

（4）在主函数中调用模块功能，代码如下：

```
#include <stdio.h>
#include "integer.h"
int main()
{
    int a,b;
    scanf("%d%d",&a,&b);
    printf("%d\n",Add(a,b));
    printf("%d\n",Sub(a,b));
    printf("%d\n",Mult(a,b));
    printf("%d\n",Div(a,b));
    //或者
    printf("%d\n",ADD(a,b));
    printf("%d\n",SUB(a,b));
    printf("%d\n",MULT(a,b));
    printf("%d\n",DIV(a,b));
    return 0;
}
```

【任务 4——条件编译】

题目描述

在程序调试的过程中，一个常用的技巧是在程序中使用 printf 函数临时输出一些调试信息，但这样做的缺点是一旦程序调试正确后，要删除这些调试信息，这是一件比较麻烦的事情，因此本题的要求是：使用条件编译的方法设计一个常用的调试信息输出函数，避免上述问题。程序代码已给出，请编程验证并详细分析程序的实现机制。

实验步骤

（1）建立一个头文件 Debug.h，_DEBUG_H 用于防止该头文件被包含多次，DEBUG 宏用于是否启用调试信息输出函数，该函数使用可变参数的定义格式（printf 函数就是典型的可变参数定义格式）。代码如下：

```
# ifndef _DEBUG_H
# define _DEBUG_H

# include < stdarg. h>
# ifdef DEBUG//去掉试试
void Debug(char * format,...)
{
    va_list ap;
    va_start(ap, format);
    vprintf(format, ap);
    va_end(ap);
}
# else
void Debug(char * format,...)
{

}
# endif

# endif
```

（2）建立源文件 main. cpp,编写以下代码进行测试,如果需要输出调试信息,只要定义宏 DEBUG "♯ define DEBUG",否则去掉宏定义或者使用"♯ undef DEBUG"。 main. cpp中的代码如下：

```
# include < stdio. h>
# define DEBUG
# include "Debug. h"
# include "Debug. h" //因为有_DEBUG_H宏,此处的重复包含不会出错
int main()
{
    int a = 1;
    Debug("hello, % d",a);
    return 0;
}
```

2.7　实验 7　指针的使用

2.7.1　实验目的

（1）掌握指针的概念及定义和使用指针变量的方法。

（2）能正确使用指向数组的指针和指针数组的用法。

（3）能正确使用函数指针的定义和用法。

（4）掌握多重指针的概念及使用方法。

（5）掌握内存的动态分配和销毁方法。

（6）掌握指针作为函数参数和返回值的正确用法。

2.7.2 实验预习

（1）了解指针的基本语法。

（2）了解内存的动态分配语句 malloc 和销毁语句 free 的用法。

（3）了解指针数组、指向二维数组的指针和函数指针的语法。

2.7.3 实验任务

【任务 1——程序阅读】

阅读并测试以下代码,熟悉指针的各种语法。

 题目分析

（1）指针事实上也是整数,只是其含义不是一般的数值,而是内存的地址。

（2）数组名事实上也是地址,只是其值是不可以改变的,即为常量,因此可以将数组名理解成一种受限的指针。

（3）函数名事实上也是地址,该地址是函数代码库的内存地址,在函数调用时被编译器绑定。

（4）指针数组和指向二维数组的指针的区别在于前者是数组,数组中的每个元素是指针。而后者是指针,它指向一个二维数组。

 参考程序

```c
# include < stdio. h >
# include < string. h >
# include < stdlib. h >
void f(int * a, int * b)                        //指针作为函数参数
{
    printf("% d % d\n", * a, * b);
}
int main()
{
    int a = 1, b[3] = {2,3,4},c[2][3] = {{5,6,7},{8,9,10}}, i, j;
    int * p1 = &a;                              //指向变量的指针
    printf("% d\n", * p1);
    int * p2 = b;                               //指向一维数组的指针
    for(i = 0;i < 3;i++)
        printf("% d ", * (p2 + i));
    printf("\n");
    int ( * p3)[3] = c;                         //指向二维数组的指针
    for(i = 0;i < 2;i++)
    {
        for(j = 0;j < 3;j++)
```

```
            printf("%d", *(*(p3 + i) + j));
        printf("\n");
    }
    void (*p4)(int *, int *) = f;           //指向函数的指针
    i = 11; j = 12;
    p4(&i,&j);
    char *p5 = (char *)malloc(sizeof(char)*6);//动态分配
    strcpy(p5,"Hello");
    printf("%s\n",p5);
    free(p5);                               //销毁空间
    int **p6 = &p1;                         //双重指针,即指向指针的指针
    printf("%d\n", **p6);
    int *p7[3] = {p1, &a, b};               //指针数组
    printf("%d %d %d\n", *p7[0], *p7[1], *p7[2]);
    return 0;
}
```

【任务 2——TOJ4563：删除前导 *】

题目描述

规定输入的字符串中只包含字母和 * 号,请将字符串中的前导 * 号全部删除,中间和尾部的 * 号不删除。

输入描述

输入数据包括一串字符串,只包含字母和 *,总长度不超过 80。

输出描述

输出删除前导 * 后的字符串。

样例输入	样例输出
*******A*BC*DEF*G****	A*BC*DEF*G****

题目分析

本题不难,从头到尾遍历字符串,若遇到非“*”字符,则停止遍历,并输出之后的字符串即可。参考程序采用指针进行求解,开始时指针指向字符串首,遍历时指针不断后移,直到非“*”字符时结束。此时,指针所表示的正是删除前导 * 后的字符串。

参考程序

```
# include < stdio. h >
# include < string. h >
# include < stdlib. h >
int main()
```

```
{
    char * p = (char *)malloc(sizeof(char) * 81);
    gets(p);
    while( * p == ' * ')
        p++;
    puts(p);
    return 0;
}
```

【任务 3——TOJ1283：简单排序】

题目描述

给定 N 个整数，请对这些整数进行升序排列并输出。

输入描述

输入数据有多组，第一行是测试数据的组数 T，接下的 T 行中，每行表示一组测试数据，每组测试数据的第一个数字为 $N(1 \leqslant N \leqslant 1000)$，接下来是 N 个整数。本题中，所有的整数都在 32 位之内。

输出描述

输出每组测试数据排序后的结果。每组测试数据占一行。

样例输入	样例输出
2	1 2 3
3 2 1 3	1 2 3 4
4 1 3 4 2	

 题目分析

本题是一个最经典的排序算法，在实际中应用非常广泛。因此最好的方法是将其编写为函数的形式供开发者调用，但在函数调用中，由于传值时将实参值复制给临时副本，针对临时变量的操作并不会带回到实参变量中，因此程序需要改为指针形式处理。

 错误程序

```
# include < stdio.h >
void swap( int a, int b)
{
    int t;
    t = a;
    a = b;
    b = t;
}
void mysort( int * a, int n)
{
    int i,j;
```

```
        for(i = 0;i < n;i++)
        {
            for(j = 0;j < n − i;j++)
            {
                if(a[j] > a[j + 1])
                    swap(a[j],a[j + 1]);
            }
        }
}
int main()
{
    int cas,n,i,a[1000];
    scanf(" % d",&cas);
    while(cas −− )
    {
        scanf(" % d",&n);
        for(i = 0;i < n;i++)
            scanf(" % d",&a[i]);
        mysort(a,n);
        for(i = 0;i < n;i++)
            printf(" % d",a[i]);
        printf("\n");
    }
    return 0;
}
```

【任务 4——程序分析】

以下程序使用了动态内存分配,根据程序的问题分析,给出正确的解决方案。

 题目分析

各个变量最终的值如图 2-6 所示。

(1) 初始时 str 指针的值为 0。

(2) str 的值传递给指针 p,因此 p 也为 0。

(3) p 的值赋值为 malloc 的返回值,假设分配的内存首地址为 1001,则 p 的值为 1001。

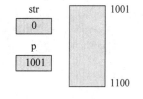

可以看出,str 的值仍然是 0,strcpy 的目标没有对应的空间,因此出错。

图 2-6　指针最终值示意图

 参考程序

```
# include < stdio. h >
# include < string. h >
```

```
#include <stdlib.h>
void GetMemory(char * p, int num){
    p = (char * )malloc(sizeof(char) * num);
}
int main(){
    char * str = NULL;
    GetMemory(str, 100);        //str 值
    strcpy(str, "hello");
    puts(str);
}
```

题目分析

指针必须存储一块有效的内存地址(即该内存在代码中已经申请并分配)后才可以操作指向的内存空间,如果在程序运行过程中出现以下提示,则表明访问了一块未经分配的内存空间,肯定属于非法行为,整个程序也会因此而崩溃,如图 2-7 所示。

图 2-7 内存非法访问提示对话框

参考程序

程序 1:

```
#include <stdio.h>
#include <string.h>
char * GetString(void){
    char p[] = "hello world";
    return p;
}
int main(){
    char * str = NULL;
    str = GetString();
    puts(str);
}
```

程序 2:

```
#include <stdio.h>
#include <string.h>
```

```
# include < stdlib. h>
int main(){
    char * p = (char * ) malloc(10000);
    strcpy(p, "hello");
    free(p);
    if(p != NULL)
        strcpy(p,"world");
    return 0;
}
```

【任务 5——TOJ3106：贫富差距】

题目描述

给你一个任务,对所有调查得到的数据打印一张贫富差距排行榜。

输入描述

输入数据有多组,每组的第一行为调查的人数 $n(n \leqslant 10000)$,对这 n 个人根据输入的先后顺序从 $1 \sim n$ 进行编号,接下来有 n 行,每行的第一个数是其财富(大到房子、车子、存款、土地,小到小狗小猫、萝卜青菜,甚至还有债务,实在太多了)类型数目 $m(0 \leqslant m \leqslant 1000000)$,接下来为 m 个整数,代表每类财富的价值数。

输出描述

对于每组输入数据,根据财富总额从大到小的顺序排序,如果两个人的财富相同,则根据编号从小到大排序。并将其编号和所有的财富进行公布,具体格式见样例。

对于那些财富总和为 0 的,不输出任何信息,而财富总和为负的,则要输出。

每组数据之后空一行。

样例输入	样例输出
3	2：3 4
1 1	1：1
2 3 4	3：−1
1 −1	
10	2：1 2 3 4 5 6 7 8 9 10
1 1	9：10 9
10 1 2 3 4 5 6 7 8 9 10	8：2
0	10：2
0	1：1
0	7：−4 3
0	
2 −4 3	
1 2	
2 10 9	
1 2	

题目分析

本题的数据指出,总共的人数最多有 10000 人,而每个人中最大的财产种类有 1000000 种,如果使用二维数组来定义"int a[10000][1000000];"是不可行的(题目约定内存限制为 16384KB,而数组的大小约为 10000×1000000＝40(GB),大大超出了限制)。事实上,题目的数据中达到 1000000 种财富的人很少,可以使用动态分配的方法实现,因此只需定义一个指针数组即可:

int ＊p[10000];

数组的大小代表人数,而数组的每个元素都是指针,即每个人的财富数组使用 malloc 进行动态分配。在分配每个人的数据时,由于还需要记录此人的财富数目 m、财富的总和以及编号(后两项是排序的依据)。因此每个人分配的内存大小为:

p[i] = (int＊)malloc((m＋3)＊sizeof(int));

排序可以采用冒泡法或者选择法等。初始情况下,本题的内存分配情况如图 2-8 所示,其中 p 为指针数组,而 p 数组中的每个元素 p[0]、p[1]、p[2]、…均为指针,每个指针指向一个财富数组(通过 malloc 分配),前 3 项分别代表财富数、财富总和、编号。

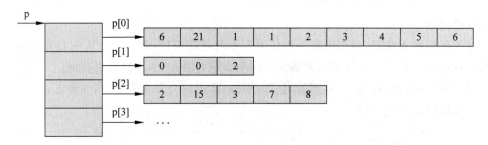

图 2-8 内存分布情况

注意:malloc 分配的内存应该使用 free 函数释放,否则会造成内存出现问题。

 参考程序

```
#include <stdio.h>
#include <stdlib.h>
#include <string.h>

int main()
{
    int ＊ a[10000], n, i, j,m;
    while(scanf("%d", &n)!= EOF)
    {
        for(i = 0;i<n;i++)
        {
            scanf("%d", &m);
```

```
        a[i] = (int * )malloc((m + 3) * sizeof(int));
        int t = 0;
        for(j = 0;j < m;j++)
        {
            scanf("% d", &a[i][j + 3]);
            t += a[i][j + 3];
        }
        a[i][0] = t;
        a[i][1] = m;
        a[i][2] = i + 1;
    }

    for(i = 0;i < n - 1;i++)
    {
        for(j = 0;j < n - i - 1;j++)
        {
            if(a[j][0]< a[j + 1][0] || a[j][0] == a[j + 1][0]&&a[j][2]> a[j + 1][2])
            {
                int * t;
                t = a[j];
                a[j] = a[j + 1];
                a[j + 1] = t;
            }
        }
    }
    for(i = 0;i < n;i++)
    {
        if(a[i][0]!= 0)
        {
            printf("% d:", a[i][2]);
            for(j = 0;j < a[i][1];j++)
                printf(" % d", a[i][j + 3]);
            printf("\n");
        }
    }
    printf("\n");
    for(i = 0;i < n;i++)
        free(a[i]);
    }
    return 0;
}
```

【任务 6——TOJ1426：剪花布条】

题目描述

一块花布条,里面有一些图案。另有一块直接可用的小饰条,里面也有一些图案。对于给定的花布条和小饰条,计算一下能从花布条中最多可以剪出几块小饰条。

输入描述

输入中含有一些数据,分别是成对出现的花布条和小饰条,其布条都是用可见 ASCII 字符表示的,可见的 ASCII 字符有多少个,布条的花纹也有多少种花样。花纹条和小饰条不会超过 1000 个字符长。如果遇见 ♯ 字符,则不再进行工作。

输出描述

输出能从花纹布中剪出的最多小饰条个数。如果一块都没有,就输出 0,每个结果之间应换行。

样例输入	样例输出
abcde a3	0
aaaaaa aa	3
♯	

 提示

本题是求子串出现次数问题的一种简化形式。设文本串为 T,子串为 P,求 T 中有多少个 P,这些 P 之间没有相互重叠。遍历文本串 T,若找到串 P,累计次数后,下一次从 $pos + Len[T]$ 处查找,其中 $Len[T]$ 表示字符串 T 的长度。问题的关键转化为如何求子串 P 在字符串 S 中首次出现的位置,读者可以自行实现。C 语言提供了 strstr 函数用于子串查找,函数原型为:

```
char * strstr(char * str1, char * str2)
```

功能:从字符串 str1 中查找是否有字符串 str2,如果有,从 str1 中的 str2 位置起,返回 str1 中 str2 起始位置的指针,如果找不到,返回 NULL。程序的基本结构如下:

```
pStr = strstr(P,T);
while(pStr!= NULL)
{
    pStr = strstr(P + LenT, T);
    …
};
```

2.8 实验 8 结构体的使用

2.8.1 实验目的

(1) 掌握结构体类型变量的定义和使用方法、结构体数组的概念和使用方法。

(2) 掌握指向结构体的指针在函数参数传递中的应用。

(3) 掌握链表的概念及用结构体实现链表的方法。

（4）掌握链表的基本操作（包括链表的建立、遍历、插入和删除）。

2.8.2 实验预习

（1）了解结构体定义和使用的基本语法。
（2）了解链表的建立、插入、删除和遍历的基本原理。

2.8.3 实验任务

【任务1——程序阅读】

阅读并测试以下代码，熟悉结构体的定义及使用，掌握成员的访问方式。

 题目分析

（1）结构体事实上是对各种不同类型的相互关联的变量或数组重新进行类型封装。定义的结构体是一种类型，因此不会分配空间；分配空间是在定义结构体变量时发生的。

（2）结构体变量中包含成员分量，可以通过成员运算符"."来访问；指向结构体变量的指针访问结构体变量成员则需要用"－＞"来访问。

 参考程序

```c
#include <stdio.h>
#include <string.h>
#include <stdlib.h>
struct Type1
{
    int v1;
    char v2[10];
};
struct Type2
{
    Type1 v1;
};
int main()
{
    Type1 t1;
    t1.v1 = 1;
    strcpy(t1.v2, "Hello");
    Type2 * t2 = (Type2 *)malloc(sizeof(Type2) * 1);
    t2 -> v1 = t1;
    printf("%d %s\n", t2 -> v1.v1, t2 -> v1.v2);
    free(t2);
    return 0;
}
```

【任务2——TOJ1071：第几天】

题目描述

给定一个日期，输出这个日期是该年的第几天。

输入描述

输入数据有多组,每组占一行,数据格式为 YYYY-MM-DD 组成。

输出描述

对于每组输入数据输出一行,表示该日期是该年的第几天。

样例输入	样例输出
2000-01-01	1

 题目分析

案例程序采用结构体定义日期,使程序的可读性更强。使用指针作为参数定义了函数 Days 用于计算机该日期为本年度的第几天,只需要传递一个指针参数,省略了年、月、日数据的复制,但程序还存在错误,请改正后在实验系统中提交通过。

 错误程序

```
# include < stdio. h>
struct Date
{
    int year;
    int month;
    int day;
};

int Days(Date * pDate)
{
    int days[13] = {0,31,29,31,30,31,30,31,31,30,31,30,31};
    int count = 0, i;
    for(i = 1;i < pDate. month;i++)
        count += days[i];
    count += pDate. day;
    return count;
}
int main()
{
    Date date;
    while(scanf(" % d - % d - % d",&date. year,&date. month,&date. day)!= EOF)
    {
        printf(" % d\n",Days(date));
    }
    return 0;
}
```

【任务 3——TOJ2952:元素的删除】

题目描述

删除 n 个不同整数中的某一个数。

输入描述

第 1 行为一个整数 T，表示有 T 组数据。每组数据有 3 行。

第 1 行是一个整数 M，表示元素个数。

第 2 行有 M 个以空格隔开的不同整数。

第 3 行为一个整数 N（N 是 M 个整数中的一个）。

N 不大于 10000。

输出描述

删除 N 后的整数序列。

样例输入	样例输出
1	1 8 2
4	
1 3 8 2	
3	

题目分析

本题可以使用数组的形式存储数据，在删除一个元素时（如样例中的数据），将待删除元素之后的每个元素依次往前移动，一直到所有数组元素处理完为止。删除之后修改数组的长度为 $n-1$。因此只要从前往后输出 $n-1$ 个元素即可，如图 2-9 所示。

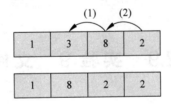

图 2-9　数组方式的删除示意图

但这种方法在删除元素时需要移动多次（线性 $O(n)$ 的复杂度），特别是在删除第一个元素时需要移动 $n-1$ 次。一种改进的方法是使用链表结构。使用结构体定义元素节点用于存储一个整数，并创建一个链表将所有节点链接起来，这样删除时只需要将待删除的节点从链表中断开并重新链接即可，如图 2-10 所示。

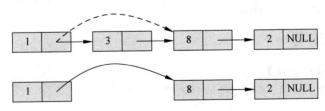

图 2-10　以链表方式删除元素

程序首先需要定义节点对应的结构体。链表的创建可以采用不断地在链表尾部插入新的节点的方法。

 参考程序

```
struct Node
{
    int data;
    Node * next;                        //next指针指向下一个节点,最后一个节点为NULL
};
//在p之后插入新节点,返回尾节点q
Node * Insert(Node * p)
{
    Node * q = (Node * )malloc(sizeof(Node));  //分配新节点
    q - > next = NULL;                  //尾部节点的next域为空
    scanf("%d",&q - >data);             //输入数据
    p - > next = q;                     //链接到尾部
    return q;                           //返回尾部节点
}
void CreateLinkList(Node * * head, int n)  //head为头节点,由于要返回,需要双重指针
{
    * head = (Node * )malloc(sizeof(Node)); //头节点,数据为空白
    Node * p = * head;
    while(n -- )
        p = Insert(p);                  //不断地在p节点后插入节点,并保持p为尾节点
}
```

2.9 实验9 文件

2.9.1 实验目的

(1)掌握文件、缓冲文件系统及文件指针的概念。
(2)掌握文件的打开、关闭、读和写等基本操作。

2.9.2 实验预习

了解文件的概念及基本操作。

2.9.3 实验任务

【任务1——程序阅读】
阅读并测试以下代码,了解文件的基本操作。

 题目分析

(1)本例中操纵的是磁盘文件,与控制台文件的概念是一致的,因此处理方式也类似。
(2)一个打开的文件处理完毕后必须要关闭,否则在下次处理时可能会有冲突。

100

参考程序

```
# include < stdio. h >
int main()
{
    int a,b;
    FILE * p1 = fopen("d:\\data1.txt","r");          //读取
    FILE * p2 = fopen("d:\\data2.txt","w");          //写入
    while (fscanf(p1, "%d%d", &a, &b)!= EOF)
    {
        fprintf(p2, "%d\n",a + b);
    }
    fclose(p1);
    fclose(p2);
    return 0;
}
```

程序运行之前,先在 D 盘根目录下创建 Data1. txt 文件,并在其中输入以下数据。

1 2
3 4

运行程序后数据被输出到 D:\\data2. txt 文件中,打开文件检查数据为:

3
7

【任务 2——TOJ 出题】

本题针对 TOJ1088——求奇数的乘积,为其创建评判所需要的输入数据文件(data1. in)和输出数据文件(data1. out),要求数据的组数至少为 100 组。

题目描述

给定 n 个整数,求它们中所有奇数的乘积。

输入描述

输入数据包含多个测试实例,每个测试实例占一行,每行的第一个数为 n,表示本组数据一共有 n 个,接着是 n 个整数。可以假设每组数据必定至少存在一个奇数。

输出描述

输出每组数中的所有奇数的乘积。对于测试实例,只输出一行。

样例输入	样例输出
3 1 2 3	3
4 2 3 4 5	15

 题目分析

本题需要生成两个文件,这两个文件的程序代码是不一样的,生成输入数据文件可以采

用随机函数 rand() 来得到。该函数生成的整数范围为[0，RAND_MAX]。在 Visual C++ 中 RAND_MAX 的值为 0X7FFF，即 32767。而输出数据文件需要根据本题的标准程序来产生，只需在标准程序中添加读取生成的 data1.in 来输入数据文件，并将标准程序的输出改写为文件输出即可。以下给出了输入数据生成的示例代码以及本题的标准程序，请将剩余的任务完成。

 参考程序

输入数据文件的生成代码如下，程序执行后即可生成输入数据文件 data1.in。

```
# include < stdio. h >
# include < stdlib. h >
# include < time. h >
int main()
{
    FILE * p = fopen("d:\\data1.in","w");      //写入输入数据文件,也可以使用重定向
    int i;
    srand(time(NULL));                         //以获取的时间为随机种子
    for(i = 0;i < 100;i++)                      //100 组
    {
        int n = 1 + rand() % 100;              //n 的范围为1~100
        fprintf(p," % d",n);
        while (n -- )
        {
            int x = 1 + rand() % 1000;         //x 的范围为1~1000
            fprintf(p," % d",x);               //每个数据之前空一格
        }
        fprintf(p,"\n");                       //下一组数据
    }
    return 0;
}
```

题目标准程序中先生成输入数据文件 data1.in，再运行本程序，即可生成输出文件 data1.out。

```
# include < stdio. h >
int main()
{
    //使用重定向,也可以直接使用文件流
    freopen("d:\\data1.in","r", stdin);        //将标准输入重定向到输入文件 data1.in
    freopen("d:\\data1.out","w",stdout);       //将标准输出重定向到输出文件 data1.out
    int n, res, x;
    while (scanf(" % d",&n)!= EOF)
    {
        res = 1;
        while (n -- )
        {
            scanf(" % d",&x);
```

```
            if(x % 2 == 1)
                res * = x;
        }
        printf(" % d\n",res);
    }
    return 0;
}
```

【任务 3——文件处理】

编写程序,能够根据命令行执行以下任务。

(1) 输入命令 mkdir path 时,在 path 对应的路径下创建一个文件夹,如果 path 的路径不存在,则提示错误。

(2) 输入命令 copy src dst 时,将绝对路径文件 src 复制到绝对路径文件 dst 下。如果 dst 目标文件已经存在,则覆盖它。如果出错则提示错误信息。

(3) 输入命令 append src dst 时,将绝对路径文件 src 复制到绝对路径文件 dst 下。如果 dst 目标文件已经存在,则将数据追加到 dst 末尾。出错则提示错误信息。

题目分析

本题主要涉及文件夹和文件的创建函数,文件夹操作的主要函数(在 direct.h 头文件中)包括:

```
int_mkdir(const char * );    //创建目录,返回值为 0 表示成功,为 - 1 表示失败
int_rmdir(const char * );    //删除目录,返回值为 0 表示成功,为 - 1 表示失败
```

文件的复制可以通过读取源文件,将数据重新写入新创建的目标文件中即可。文件打开时可以指定打开的权限值:

```
FILE * fopen( const char * filename, const char * mode);
```

其中,常见的 mode 的值主要有以下几个。

(1) r:表示文件权限为只读。如果文件不存在,出错。

(2) w:表示文件权限为只写。如果文件不存在,则创建,否则清除文件内容。

(3) a:表示文件权限为追加。如果不存在则创建,如果存在则在尾部追加数据。

程序的基本框架已经给出,请将其补充完整。

参考程序

```
# include < stdio.h >
# include < direct.h >
# include < string.h >
int main()
{
```

```
    char cmd[255], path1[255], path2[255];
    while (scanf("%s",cmd)!= EOF)
    {
        if(strcmp(cmd,"mkdir") == 0)
        {
            //添加代码
        }
        else if(strcmp(cmd,"copy") == 0)
        {
            //添加代码
        }
        else if(strcpy(cmd,"append") == 0)
        {
            //添加代码
        }
        else
            printf("No %s command\n", cmd);
    }
    return 0;
}
```

2.10　实验 10　位运算

2.10.1　实验目的

（1）掌握位运算的概念和方法。
（2）掌握位运算符（&、|、^、~）的使用方法。
（3）掌握移位运算符（>>、<<）的使用方法。
（4）掌握位运算的使用技巧。

2.10.2　实验预习

（1）了解位运算的基本概念。
（2）了解常见的位运算操作符。

2.10.3　实验任务

【任务 1——程序阅读】
阅读并测试以下代码，了解位运算的语法，并分析结果。

 题目分析

a 的二进制值为 101，b 的二进制值为 110。
（1）a&b 表示将二进制的每一位进行"与"运算，只有 1&1 结果为 1，其他结果为 0，因此结果为二进制 100，即十进制数 4。

（2）a|b 表示将二进制的每一位进行"或"运算,只有 0 | 0 结果为 0,其他结果为 1,因此结果为二进制 111,即十进制数 7。

（3）a^b 表示将二进制的每一位进行"异或"运算,0^1 或者 1^0 均为 1,其他为 0,因此结果为二进制 011,即十进制数 3。

（4）～a 表示将二进制的每一位都进行取"反"运算,即～0 为 1,～1 为 0,但由于 int 类型共有 32 位,因此要将 32 位均取反,因此 a 的结果为 11111111111111111111111111111010,而且这是补码形式,其中最高位为 1 表示负数,要看它的具体值,还需将剩下的位重新取反再加 1,即 10000000000000000000000000000101＋1＝10000000000000000000000000000110,也就是－6。

（5）a＞＞1 表示将 a 按照二进制右移 1 位,移位时最高位补 0,最低位消除,即 a 的二进制 00000000000000000000000000000101 被转换成 00000000000000000000000000000010,因此移位相当于除以 2 的运算,5/2 的结果为 2。

（6）b＜＜1 表示按二进制左移 1 位,最高位消除,最低位补 0,即 b 的二进制 00000000000000000000000000000110 被转换成 00000000000000000000000000001100,也就是相当于乘以 2 的运算,6 * 2 的结果为 12。

 参考程序

```
# include < stdio. h>
int main()
{
    int a = 5, b = 6;
    printf("%d\n", a&b);
    printf("%d\n", a|b);
    printf("%d\n", a^b);
    printf("%d %d\n", ～a, ～b);
    a = a>>1;
    b = b<<1;
    printf("%d %d\n", a, b);
    return 0;
}
```

【任务 2——TOJ2934：位操作】

题目描述

输入一个十进制数 N,将它转换成 R 进制数输出。

假设你工作在一个 32 位的计算机上,需要将某一个外设寄存器的第 X 位设置成 0(最低位为第 0 位,最高位为第 31 位),将第 Y 位开始的连续三位设置成 110(从高位到低位的顺序),而其他位保持不变。对给定的寄存器值 R 及 X、Y,编程计算更改后的寄存器值 R。

输入描述

每组数据一行,包括 R、X、Y,以逗号","分隔。R 为十六进制表示的 32 位整数,X、Y 在 0～31 且 $Y \geqslant 3$,$Y - X$ 的绝对值大于等于 3,保证两次置位不会重合。

处理时遇到 EOF 为止。

输出描述

每组数据输出更改后的寄存器值 R(十六进制输出)。

样例输入	样例输出
12345678，0，3	1234567c

 题目分析

题目的第一个任务是将第 X 位设置为 0,即不管原来该位置是 0 还是 1,都修改为 0,因为"与"运算的特点是只有 0&0 和 0&1 的值均为 0,而 1&0 为 0,1&1 为 1,因此具有"置 0 保值"的作用(即用 0"与"会置 0,用 1"与"保持原来的值不变)。而"或"运算的特点是 1|0 为 1,1|1 为 1,0|0 为 0,0|1 为 1,因此有"置 1 保值"的作用(即用 1"或"可以置 1,用 0"或"可以保持原来的值不变)。

可以将整数 1 左移 X 位与第 X 位对齐,再取反后与原始值进行与运算。假如原二进制数为:00000000000000000000000001011011。

执行的运算过程如下。

原始值:00000000000000000000000001011011

1 左移 6 位取反:11111111111111111111111110111111

"与"运算的结果:00000000000000000000000001011011

第二个任务是将第 Y 个位置之后的 3 位设置为 110,其过程类似于第一个任务,可以将 110 分解为 11 和 0,即将第 Y 个位置的后 2 位置为 11,第 Y 个位置的后 3 位置为 0,前者可以通过对整数 3 移位后进行"或"运算,而后者置 0 运算与第一个任务方法相同。

第3章 高级应用

3.1 实验 1 筛选法求素数表

【TOJ3749：筛选法求素数】

题目描述

请使用筛选法输出$[a, b]$之间的所有素数。

输入描述

输入数据有多组，每组数据占一行，每行 2 个正整数 a 和 b，其中 $2 \leqslant a \leqslant b \leqslant 1000000$。

输出描述

每组数据按从小到大的顺序输出$[a, b]$中所有的素数，每行最多输出 10 个素数。每组数据之后空一行。

样例输入	样例输出
2 3 2 50	2 3 2 3 5 7 11 13 17 19 23 29 31 37 41 43 47

 题目分析

由于题目的数据规模较大，常规的逐个判断素数的方法行不通，可以用筛选法进行预处理，将所有素数一次性求出存入数组中。筛选法求 $1 \sim N$ 中所有素数的主要思想如下：

(1) 将 $1 \sim N$ 中的所有数都标记为素数(0 表示素数，1 表示非素数)。

(2) 1 不是素数，也不是合数，筛选掉(即标记为 1)。

(3) 2 是素数，保留。但比 2 大的所有 2 的倍数都筛选掉，直到大于 N 为止。

(4) 继续寻找素数标记，找到 3，将其保留，筛选掉此后所有 3 的倍数，直到大于 N 为止。

……

案例程序给出了产生 $1 \sim 1000000$ 中所有素数的算法。请将程序补充完整，并在实验系统中提交通过。

参考程序

```c
#include<stdio.h>
#define N 1000000
int x[N+1]={0};                    //0表示素数,1表示合数,初始时均为素数
void GenPrime()
{
    int temp,n,i;
    x[0]=x[1]=1;                    //素数从2开始算
    n = N/2;
    for(i=2;i<n;i++)                //最多只要遍历到N/2即可
    {
        if(x[i]==0)
        {
            //将i的2倍、3倍……(小于等于N)都置为1
            temp = 2*i;
            while(temp<=N)
            {
                x[temp]=1;
                temp+=i;
            }
        }
    }
}
int main()
{
    GenPrime();                     //生成素数表
    int a,b,i;
    while (scanf("%d%d",&a,&b)!=EOF)
    {
        int count=0, flag=0;
        for (i=a;i<=b;i++)
        {
            if(x[i]==0)             //i是素数
            {
                if(flag)
                    printf(" ");
                printf("%d",i);
                count++;
                flag=1;
                if(count%10==0)     //10个换行
                {
                    flag = 0;
                    printf("\n");
                }
            }
        }
```

```
        if(count % 10!= 0)           //不足 10 个的还需换行
            printf("\n");
        printf("\n");                //每组数据之后换行
    }
    return 0;
}
```

3.2　实验 2　高精度加减运算

3.2.1　高精度加法运算

【TOJ1249：四数相加】

题目描述

给出 4 个自然数，请将这四个数相加。

输入描述

输入数据有多组，第一行为测试数据的组数 n，下面有 n 行，每行有 4 个自然数，每个数最多不超过 2008 位。

输出描述

输出 4 个数相加的结果。

样例输入	样例输出
2	6
0 1 2 3	4000000
1000000 1000000 1000000 1000000	

题目分析

在 C 语言中，int 类型为 2 或 4 个字节（即 16 或 32 比特位），最多只能表达的数据为 $[-2^{31}, 2^{31}-1]$ 即 $[-2147483648, 2147483647]$，long 或者 __int64 类型占 8 个字节，也只能表达 $[-2^{63}, 2^{63}-1]$，即 $[-9223372036854775808, 9223372036854775807]$。double 虽然可以表达到 300 多位十进制数，但其精度损失很大，不能用于高精度计算。高精度计算需要模拟加法的过程，使用数组存储 a 和 b 的值，逐个相加并向高位进位，由于高位在数组的左边，低位在数组的右边，而运算过程中是从低位开始的，因此为了运算方便，可以先将数组逆序后再进行运算。参考程序给出了 2 个 2008 位大整数相加的算法。4 数相加的操作与此类似，也可以调用 2 大数相加函数完成。

参考程序

```
//两个不超过 2008 位的大整数相加
# include < stdio. h >
# include < string. h >
# define N 2009
int max( int a, int b){
    return a > b?a:b;
}

void Add( char a[ ], char b[ ], char c[ ])
{
    int len1,len2,len,i,r,t;
    len1 = strlen(a);
    len2 = strlen(b);
    len = max(len2,len1);
    strrev(a);              //逆置
    strrev(b);              //逆置
    r = 0;
    for(i = 0;i < len;i++)
    {
        if(i >= len1)       //a 不足补 0
            a[i] = '0';
        if(i >= len2)       //b 不足补 0
            b[i] = '0';
        t = r + (a[i] - '0') + (b[i] - '0');
        c[i] = t % 10 + '0'; //当前位
        r = t/10;           //进位
    }
    if(r!= 0)               //最后可能还有进位
        c[i++] = r + '0';
    c[i] = '\0';
    strrev(c);
}

int main()
{
    char a[N],b[N],c[N+1];
    scanf("% s % s",a,b);
    Add(a, b, c);
    puts(c);
    return 0;
}
```

3.2.2 高精度减法运算

【TOJ1250：两数相减】

题目描述

给定两个自然数 A 和 B，求 $A-B$ 的值。

输入描述

输入数据有多组，第一行为测试数据的组数 n，下面的 n 行中，每行有两个数分别表示 A、B。A 和 B 的最大位数不超过 1000 位。

输出描述

输出 $A-B$ 的值。

样例输入	样例输出
3 1 1 10 2 1000 2000	0 8 −1000

 题目分析

与加法类似，高精度减法也是自低位向高位(自右向左)逐位想减，当结果为负数时要向高位借位。当达到最高位(最右边)时，如果借位不成功，则表示最后结果为负数，需要加"−"号。

 参考程序

```
#include < stdio. h>
#include < string. h>
#define N 2009
//比较两个数的大小,a>b返回1,a=b返回0,a<b返回-1
int compare(char a[], char b[])
{
    int len1 = strlen(a);
    int len2 = strlen(b);
    if(len1 > len2)
        return 1;
    else if(len1 == len2)
        return strcmp(a,b);
    else
        return - 1;
```

```
}
void Sub(char a[], char b[], char c[])
{
    int len1,len2,len,i,r,t;
    int res = compare(a,b);                     //先比较两数
    if(res<0)                                   //第一个数小,需要交换
    {
        strcpy(c,a);
        strcpy(a,b);
        strcpy(b,c);
    }
    else if(res==0)                             //相等返回
    {
        strcpy(c, "0");
        return;
    }
    strrev(a);                                  //逆置
    strrev(b);                                  //逆置
    r = 0;                                      //借位
    for(i=0;b[i]!='\0';i++)
    {
        t = (a[i]-'0'-r)-(b[i]-'0');            //计算结果
        if(t<0){
            r = 1;                              //借位
            t += 10;
        }
        else
            r = 0;                              //不借位
        c[i] = t + '0';                         //结果转换为字符
    }
    while(a[i]!='\0')                           //a 中剩下的还需考虑借位
    {
        t = a[i]-'0'-r;                         //计算结果
        if(t<0){
            r = 1;                              //借位
            t = 10 + t;
        }
        else
            r = 0;                              //不借位
        c[i] = t + '0';                         //结果转换为字符
        i++;
    }
    //去除前导 0
    while(c[i-1]=='0')
        i--;
    if(res<0)                                   //若结果为负
        c[i++] = '-';
    c[i] = '\0';
    strrev(c);
```

```
}
int main()
{
    char a[N],b[N],c[N+1];
    scanf("%s %s",a,b);
    Sub(a, b, c);
    puts(c);
    return 0;
}
```

3.3　实验 3　二分查找

【TOJ3750：二分查找】

题目描述

将 n 个从小到大排序的整数（$n<1000000$）从 $1\sim n$ 进行编号，并一个待查找的整数 m，请使用二分法进行查找。

输入描述

输入包括 3 行，第一行为整数 n，第二行包括 n 个整数，以空格分隔，第三行为整数 m。

输出描述

如果能够在序列中找到整数 m，则输出编号（如果存在多个编号，返回编号最小的）；如果不存在，则输出 None。

样例输入	样例输出
10	9
1 2 4 5 6 7 8 9 10 11	None
10	
10	
1 2 4 5 6 7 8 9 10 11	
12	

 题目分析

对于一个共有 n 个整数的序列，如果使用线性的查找从前往后或者从后往前逐个判断，其最坏的情况（如元素不存在时）是要找遍数组的每个元素，即时间复杂度 $O(n)$。但本题中的数据已经从小到大排序，因此为查找提供了更快捷的方法，即使用二分查找。

二分查找的基本思想是不断地取中间值进行比较，算法步骤如下：

（1）设查找关键字为 v，序列的起始位置为 low、high，求出中间位置 mid＝（low＋high）/2。

（2）若 r[mid].key==v，查找成功，返回位置 mid；若 r[mid].key＞v，在左子表中继续进行二分查找，即令 high＝mid−1；若 r[mid].key＜v，则在右子表中继续进行二分查找,即令 low＝mid＋1。

（3）如果 low≤high,返回 1 继续二分查找,否则返回－1。

本题的数组仅仅是整数,其算法实现如下。

参考程序

```
//arr 表示有序序列,n 为序列元素个数,v 为待查找关键字
int binarySearch(int arr[], int n, int value)
{
    int low = 0, high = n - 1;
    int middle;
    while(low <= high) {
        middle = (high + low)/2;
        if(value == arr[middle])
            return middle; //此处返回的是数组下标,非题目所说的编号,需要加 1
        if(value > arr[middle])
            low = middle + 1;
        if(value < arr[middle])
            high = middle - 1;
    }
    return - 1;
}
```

举例：在样例的第一组数据中,数组元素的值与对应下标如下。

0	1	2	3	4	5	6	7	8	9
1	2	4	5	6	7	8	9	10	11

查找 10 的过程如下：

（1）初始 low＝0、high＝9,第一次 mid＝(0＋9)/2＝4,a[4]为 5＜10,因此进入右子表中继续二分查找。

（2）low＝(mid＋1)＝5,high＝9,mid＝(5＋9)/2＝7,a[7]为 9＜10,进入右子表继续二分查找。

（3）low＝(mid＋1)＝8,high＝9,mid＝(8＋9)/2＝8,a[8]为 10,因此查找结束,返回 8。

从分析的过程可以看出,每次查找的序列长度都是上一次的一半(因此也称为折半查找),因此对于一个长度为 n 的序列,只要进行 $\log_2(n)$ 次查询即可得出结果。即算法的复杂度为 $O(\log_2(n))$。对于一个 1000000 个元素的序列,最多只要经过 20 次即可得出结果,相比于线性查找的最坏 1000000 次,时间效率大大提高。

值得注意的是,二分查找的前提必须是已经有序的,否则必须要排序后才能使用该算法。另外,本题增加了一个条件,即当序列中存在多个元素与带查找关键字匹配时,需要输出最小的编号。算法可以修改为以下方面。

（1）初始化变量 M 的值为 -1。

（2）设查找关键字为 v，序列的其实位置为 low、high，求出有序表的中间位置 mid＝(low＋high)/2。

（3）若 r[mid].key＝＝v，使用变量 M 保存 mid 值，并在左子表中继续查找，即令 high＝mid－1；若 r[mid].key＞v，在左子表中继续进行二分查找，即令 high＝mid－1；若 r[mid].key＜v，则在右子表中继续进行二分查找，即令 low＝mid＋1。

（4）如果 low≤high，返回 2 继续二分查找，否则返回 mid 值。

3.4　实验 4　快速排序算法

【TOJ3751：快速排序】

题目描述

给定 n 个整数，请使用快速排序算法对其进行从小到大排序。

输入描述

输入数据有多组，每组包含 2 行，第一行为正整数 $n(n\leqslant100000)$，第二行为 n 个整数。

输出描述

每组数据占一行，每行输出排序后的 n 个整数，以空格分开。

样例输入	样例输出
5	1 2 3 4 5
1 3 2 4 5	1 2 2 3 3 5
6	
2 5 1 3 3 2	

 题目分析

设数组为 A[0]…A[N－1]，对包含 N 个元素的序列进行冒泡排序，所需要的循环遍数为 $n(n-1)/2$ 次，即时间复杂度为 $O(n^2)$，对于有 100000 个元素的序列，需要循环的次数约为 0.5×10^{10}，因此非常耗时。快速排序的效率相对较高，其基本思路为：首先任意选取一个数据（通常选用第一个数据）作为关键数据，然后将所有比它小的数都放到它前面，所有比它大的数都放到它后面，这个过程称为一趟快速排序。

一趟快速排序的算法包括如下内容。

（1）设置两个变量 i、j，排序开始时 i＝0，j＝N－1。

（2）以第一个数组元素作为关键数据，赋值给 key，即 key＝A[0]。

（3）从 j 开始向前搜索，即由后开始向前搜索（j＝j－1），找到第一个小于 key 的值 A[j]，并与 key 交换。

（4）从 i 开始向后搜索，即由前开始向后搜索（i＝i＋1），找到第一个大于 key 的 A[i]，与 key 交换。

（5）重复第（3）、（4）步，直到 i＝j。

例如：待排序的数组 A 的值分别如下。

A[0]	A[1]	A[2]	A[3]	A[4]	A[5]	A[6]
49	38	65	97	76	13	27

（初始关键数据 key＝49）注意关键元素 key 永远不变，每次都是和 key 进行比较，无论在什么位置，最后的目的就是把 key 放在中间，小的放前面，大的放后面。

（1）key＝49，i＝0，j＝6，第一次交换由 6 开始向前搜索，找到第一个小于 key 的元素，即 A[6]＝27，与 key 交换，因此结果为：

A[0]	A[1]	A[2]	A[3]	A[4]	A[5]	A[6]
27	38	65	97	76	13	49

（2）注意 key 值不变，即 key 仍然为 49，i＝0，j＝6，从 i＝0 开始往后找到比 key 大的元素即 A[2]＝65，将 65 与 key 交换，因此第二次交换的结果为（此时 i 的值为 2）：

A[0]	A[1]	A[2]	A[3]	A[4]	A[5]	A[6]
27	38	49	97	76	13	65

（3）key＝49，由于 i＝2，j＝6，因此还要重复算法中的第三步，也就是从 j＝6 开始往前找第一个比 key 小的元素，即 A[5]＝13（此时 j＝5），第三次交换后的结果为：

A[0]	A[1]	A[2]	A[3]	A[4]	A[5]	A[6]
27	38	13	97	76	49	65

（4）key＝49，i＝2，j＝5，从 i 开始往后找第一个比 key 大的元素，即 A[3]＝97（此时 i＝3），第四次交换后的结果为：

A[0]	A[1]	A[2]	A[3]	A[4]	A[5]	A[6]
27	38	13	49	76	97	65

（5）key＝49，i＝3，j＝5，仍然要重复算法的第三步，从 j 开始往前找第一个比 key 小的元素，发现已经到了 j＝3，这其实是 key 对应的下标，第一趟快排至此结束。会发现比 key 小的值都被交换到了 key 的前面，而比 key 大的数都被交换到了 key 的后面。

一趟快排结束后，还需要对 key 之前的序列和 key 之后的序列分别排序，算法的思想还是与之前一样，只要采用递归调用即可。在实际实现过程中，由于 key 的值在一趟快排中都保持不变，因此交换的代码就可以简化，快速排序的递归写法如下：

```c
void QuickSort(int e[ ], int first, int end)
{
    int i = first, j = end, key = e[first];
    while(i < j)
    {
        while(i < j && e[j] >= key)
```

```
        j-- ;
    e[i] = e[j];
    while(i < j && e[i] < = key)
        i++ ;
    e[j] = e[i];
    }
    e[i] = key;
    if(first < i - 1)
        QuickSort(e,first,i - 1);
    if(end > i + 1)
        QuickSort(e,i + 1,end);
}
```

从分析的过程可以看出,由于一个有 n 个元素的序列经过一趟快排会分成 2 个 $n/2$ 规模的排序问题,排序的算法效率是 $n\log2(n)$,比冒泡法的效率高很多。这种分而治之的方法也称为分治法。

由于快速排序经常用,因此在 C 语言的函数库中也实现了快速排序的算法,即 qsort 函数,对应的头文件是 stdlib.h,作为开发者可以很方便地进行调用。其函数原型为:

void qsort(void * base, size_t num, size_t width, int (__cdecl * compare)(const void * elem1, const void * elem2));

其中,base 为待排序序列的首地址,可以用数组名;num 为总共需要排序的元素个数,width 为每个元素占用的内存空间,一般使用 sizeof 运算符自动求出,最后一个参数定义的是一个函数指针,指向自定义的函数名,该函数需要有 2 个 const void * 类型的指针参数。这个函数在 qsort 排序过程中会被不断调用,相当于指定了排序的规则,在该函数中,必须对 elem1 和 elem2 进行某种比较。由于 elem1 和 elem2 是 void 类型的指针,因此必须先转换为具体的类型才能进行解址和比较。表 3-1 是需要将序列按某种规则从小到大排序必须要遵守的规则。

表 3-1　从小到大排序规则

返回值	两个参数的某种规则比较
<0	elem1 < elem2
0	elem1 = = elem2
> 0	elem1 > elem2

如果需要按某种规则从大到小的顺序排序,只需要反过来考虑,即遵守表 3-2 所示的规则。

表 3-2　从大到小排序规则

返回值	两个参数的某种规则比较
<0	elem1 > elem2
0	elem1 = = elem2
> 0	elem1 < elem2

以下是使用 qsort 函数对数组从大到小排序的代码示例。

```
#include <stdio.h>
#include <stdlib.h>
int cmp(const void * a, const void * b)
{
    int * a1 = (int * )a;
    int * b1 = (int * )b;
    if( * a1 < * b1)
        return 1;
    else if( * a1 > * b1)
        return - 1;
    else
        return 0;
}
int main()
{
    int a[ ] = {1,2,3,6,5,4}, i;
    qsort(a,6,sizeof(a[0]),cmp);
    for(i = 0;i < 6;i++)
        printf(" % d ",a[i]);
    printf("\n");
    return 0;
}
```

3.5 实验 5 向量法求解多边形面积

【TOJ1390：改革春风吹满地】

题目描述

给定一个任意多边形,可能是凸多边形也可能是凹多边形,求其面积的大小。

输入描述

输入数据包含多个测试实例,每个测试实例占一行,每行的开始是一个整数 $n(3 \leqslant n \leqslant 100)$,它表示多边形的边数(当然也是顶点数),然后是按照逆时针顺序给出的 n 个顶点的坐标 $(x_1, y_1, x_2, y_2, \cdots, x_n, y_n)$,为了简化问题,这里的所有坐标都用整数表示。

输入数据中所有的整数都在 32 位整数范围内,$n = 0$ 表示数据的结束,不做处理。

输出描述

对于每个测试实例,请输出对应的多边形面积,结果精确到小数点后一位小数。每个实例的输出占一行。

样例输入	样例输出
3 0 0 1 0 0 1	0.5
4 1 0 0 1 −1 0 0 −1	2.0
0	

题目分析

本题需要基本的向量运算基础，下面先介绍几个与本题相关的概念。

（1）向量叉积：最早源自于三维向量空间的运算，也叫向量的外积，或者向量积。两个三维向量的叉积等于一个新的向量，该向量与前两者均垂直，且长度为前两者形成的平行四边形面积，其方向按照右手螺旋法则决定。即假设 a 和 b 是两个向量，那么它们的叉积 $c=a \times b$ 可按如下严格定义。

- c 的大小：$|c|=|a \times b|=|a||b|\sin<a,b>$。
- $c \perp a$，且 $c \perp b$，即 c 与向量 a 和 b 构成的平面垂直，即 c 是平面的法向量。
- c 的方向要用"右手法则"判断（用右手的四指先表示向量 a 的方向，然后手指朝着手心的方向摆动到向量 b 的方向，大拇指所指的方向就是向量 c 的方向）。

一个特殊的例子是在三维坐标系中，$i \times j=k$，$j \times k=i$，$k \times i=j$，其中 i、j、k 是 X、Y、Z 轴正向的单位向量。三维向量 a 和 b 可以表示为：

$$a=(a_1,a_2,a_3)=a_1 \cdot i+a_2 \cdot j+a_3 \cdot k,\quad b=(b_1,b_2,b_3)=b_1 \cdot i+b_2 \cdot j+b_3 \cdot k$$

叉积的计算公式为：

$$c=a \times b=\begin{vmatrix} i & j & k \\ a_1 & a_2 & a_3 \\ b_1 & b_2 & b_3 \end{vmatrix}=(a_2b_3-a_3b_2,a_3b_1-a_1b_3,a_1b_2-a_2b_1)$$

二维向量叉积是三维向量叉积的特殊情况。可以直接根据三维向量叉积公式导出：

$$a=(a_1,a_2,0)=a_1 \cdot i+a_2 \cdot j+0 \cdot k,\quad b=(b_1,b_2,0)=b_1 \cdot i+b_2 \cdot j+0 \cdot k$$

$$c=a \times b=\begin{vmatrix} i & j & k \\ a_1 & a_2 & 0 \\ b_1 & b_2 & 0 \end{vmatrix}=(0,0,a_1b_2-a_2b_1)，因为 c 的结果中 X 和 Y 方向的分量为 0。$$

（根据右手法则也可以得到，因为 a 和 b 都在 XOY 平面内，所以 c 向量是平行于 z 轴的），而且二维平面内实际上不存在 z 轴方向，因此通常将其退化成一个数的表示形式。即：

$$c=a \times b=a_1b_2-a_2b_1=\begin{vmatrix} a_1 & a_2 \\ b_1 & b_2 \end{vmatrix}$$

（2）三角形面积公式：如果已知三角形的三点，可以随意指定一个公共顶点构建 2 个向量 a 和 b，根据以上推理，三角形的面积公式就可以很容易得到：

$$S_{\triangle ABC}=\frac{1}{2}ab\sin<a,b>=\frac{1}{2}|a \times b|=\frac{1}{2}|(a_1b_2-a_2b_1)|$$

由于避免了正弦函数的运算，精度很高。

（3）任意凸多边形面积公式：可以对凸 N 边形进行分割，如分割为 $N-2$ 个三角形，而且凸多边形面积等于各个三角形面积之和，如图 3-1 所示。

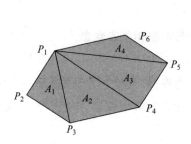

图 3-1　凸多边形的情况

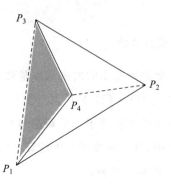

图 3-2　凹多边形的情况

事实上,上述方法对凹多边形也同样适用,只要将三角形的面积表示成有向面积即可(见图 3-2)。有向面积的值是根据右手法则得到的,可能为正,也可能为负:

$$\vec{S}_{\triangle ABC} = \frac{1}{2}a \times b = \frac{1}{2}(a_1 b_2 - a_2 b_1)$$

在图 3-2 中,多边形被分割为两个三角形的有向面积之和:

$$\vec{S}(P_1 P_2 P_3 P_4) = \vec{S}_{\triangle P_1 P_2 P_3} + \vec{S}_{\triangle P_1 P_3 P_4}$$

$\vec{S}_{\triangle P_1 P_2 P_3}$ 为正值,$\vec{S}_{\triangle P_1 P_3 P_4}$ 为负值,两者之和正好是凹多边形的面积。

为了形式上更加优美,也可以在多边形内部任意寻找一点,将多边形分成 N 个三角形,如图 3-3 所示。一个问题是如何确定多边形内部的一点,实际上,这个点是可以任意指定的,甚至指定在多边形外部,如图 3-4 所示。

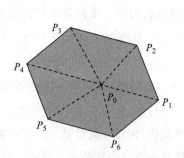

图 3-3　P_0 在多边形内部

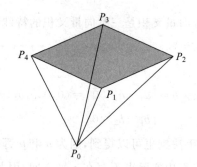

图 3-4　P_0 在多边形外部

$$\vec{S}(P_1 P_2 P_3 P_4) = \vec{S}_{\triangle P_0 P_1 P_2} + \vec{S}_{\triangle P_0 P_2 P_3} + \vec{S}_{\triangle P_0 P_3 P_4} + \vec{S}_{\triangle P_0 P_4 P_1}$$

其中,$\vec{S}_{\triangle P_0 P_1 P_2}$ 和 $\vec{S}_{\triangle P_0 P_4 P_1}$ 是负的,其他两项是正的,4 项之和刚好为多边形的有向面积,对其求绝对值便是多边形的面积。既然这个点可以是任意的点,那么指定到坐标原点就可以大大简化运算。

最终的多边形面积计算公式为:

$$\vec{S}(n \, 边形 \, P_1 P_2 \cdots P_N) = \frac{1}{2} \sum_{i=1}^{n} OP_i \times OP_{i+1} = \frac{\sum_{i=1}^{n} \begin{vmatrix} x_i & y_i \\ x_{i+1} & y_{i+1} \end{vmatrix}}{2.0}$$

其中，P_{n+1} 的值取作 P_1，这个特殊值的处理可以通过对 n 进行模运算进行（即对 n 求余，注意代码中下标是从 0 开始的，当 $i=n-1$ 时，$(i+1)\%n$ 模运算的结果为 0，即回到第一点）。

计算多边形面积的代码如下：

```
struct Point
{
    int x,y;
}; //点或句量

int XProduct(Point p1, Point p2)
{
    return p1.x * p2.y - p2.x * p1.y;
}


double Area(Point p[ ], int n)
{
    int s = 0, i;
    for(i = 0;i < n;i++)
    {
        s += XProduct(p[i],p[(i + 1) % n]);
    }
    if(s < 0)
        s = - s;
    return s/2.0;
}
```

3.6　实验 6　向量法判断线段是否相交

【TOJ1288：线段相交】

题目描述

线段相交测试在计算几何中是经常用到的，给定线段 P_1P_2（P_1 和 P_2 是线段的两个端点，且不重合）、P_3P_4（P_3 和 P_4 是线段的两个端点，且不重合），判断 P_1P_2 和 P_3P_4 是否相交。P_1P_2 和 P_3P_4 不重合，即指只存在一个点 P，它既落在 P_1P_2 上又落在 P_3P_4 上（含线段的端点）。

输入描述

输入数据有多组，第一行为测试数据的组数 N，下面包括 $2N$ 行，每组测试数据含 2 行，第一行为 P_1P_2 的坐标值，第二行为 P_3P_4 的坐标值，比如下面的数据：

```
1
0 0 1 1
2 2 3 3
```

表示 P_1、P_2、P_3、P_4 的坐标分别为：$P_1(0,0)$，$P_2(1,1)$，$P_3(2,2)$，$P_4(3,3)$。

输出描述

判断每组数据中的线段 P_1P_2 和 P_3P_4 是否相交,如果相交输出 YES,否则输出 NO。每组数据输出占一行。

样例输入	样例输出
1	NO
0 0 1 1	
2 2 3 3	

 题目分析

已知两条线段各自的两个端点,判断线段是否相交,传统的方法需要通过线段两端点确立相应的直线方程,并建立方程组进行求解,如果方程组无解(两直线平行)或者有无数解(两直线重合),则可以视作线段不相交,因为题意已经告知线段相交是指只有一个交点。否则求出两条直线的交点。最后还需判断该交点是在线段上还是在线段的延长线上。通过求解过程可以发现,不但计算烦琐而且可能导致精度损失。较好的方法是通过向量法进行判断。在讨论算法之前,先分析几个问题。

(1)拐向问题:即判断折线段组成的路径在公共端点上拐向右侧还是左侧。

在图 3-5 中,经由点 $P_1 \rightarrow P_2 \rightarrow P_3$ 路径时,在 P_2 点是一个"右拐"的情况,而经由 $P_1 \rightarrow P_2 \rightarrow P_4$ 路径时,在 P_2 点是一个"左拐"的情况,根据右手法则,能够发现在"右拐"时以起点为端点的两个向量之间叉积为负值,即:$P_1P_2 \times P_1P_3 < 0$。而"左拐"时的叉积为正值,即:$P_1P_2 \times P_1P_4 > 0$,即"左拐"和"右拐"的叉积结果符号相反。

(2)跨立试验:即两个线段相交,必然同时满足如下条件(见图 3-6)。

- P_1 点和 P_2 点在线段 P_3P_4 的两侧。
- P_3 点和 P_4 点在线段 P_1P_2 的两侧。

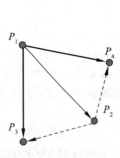 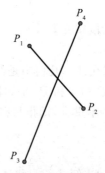

图 3-5 线段拐向示意图 　　　　图 3-6 线段跨立试验

其反向论题为只要有一条不满足,则能确定两线段必不相交,在有大量线段判断相交的情况下,往往存在很多线段之间不相交的情况,因此使用跨立试验可以很快地排除大量不相交的情况。由前面的拐向问题可以很容易推导出跨立试验的解决方法。

- P_1 点和 P_2 点跨立在线段 P_3P_4 的两侧,其实是路径 $P_3P_4P_1$ 和 $P_3P_4P_2$ 在 P_4 点处的拐向相反的问题。

- P_3 点和 P_4 点跨立在线段 P_1P_2 的两侧，其实是路径 $P_1P_2P_3$ 和 $P_1P_2P_3$ 在 P_2 点处的拐向相反的问题。

（3）端点特殊情况：跨立试验的两个条件都满足，说明了两条线段是绝对相交的，即交点不等于 P_1、P_2、P_3 或者 P_4。但若线段的某个端点在另一条线段对应的直线上，则在判断 $P_3P_4P_1$ 的拐向问题上出现了叉积为 0 的情况（即三点共线），此时还需要判断线段的端点 P_1 是在 P_3P_4 线段上（相交，见图 3-7），还是在其延长线上（不相交，见图 3-8）。

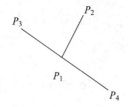

图 3-7　端点在另一线段上　　　　图 3-8　端点在另一线段延长线上

区分这两种情况的办法之一是判断 P_1 是在以 P_3P_4 为对角线的轴平行矩形之内还是之外，即判断 X 和 Y 坐标值是否在 P_3 和 P_4 的坐标范围之内即可。

通过以上分析，即可得出线段相交的算法。

（1）使用跨立试验，如果满足两个条件，则返回相交。

（2）如果跨立试验中某一项值为 0，则判断相应的端点是否落在线段之间，如果是这样，则返回相交。

（3）其他情况则返回不相交。

程序如下：

```
#define INF 1e-10
#define min(x,y) ((x)>(y)?(y):(x))
#define max(x,y) ((x)<(y)?(y):(x))
typedef struct
{//点结构
    double x;
    double y;
}Point;

typedef struct
{//线段结构
    Point s,e;
}Segline;
double XProduct(Point p,Point p1, Point p2)      //叉积判断拐向
{
    return (p.x-p1.x) * (p.y-p2.y) - (p.y-p1.y) * (p.x-p2.x);
}

bool InBox(Point p, Segline l)                   //p是否在以线段l为对角线的轴平行矩形之内
{
    if(min(l.s.x,l.e.x)<= p.x&&p.x <= max(l.s.x,l.e.x)
```

```
            && min(l.s.y,l.e.y)<= p.y&&p.y <= max(l.s.y,l.e.y))
            return true;
        return false;
    }
    bool Intersect(Segline l1, Segline l2)              //判断两线段是否相交
    {
        double d1 = XProduct(l1.s,l2.s,l2.e);
        double d2 = XProduct(l1.e,l2.s,l2.e);
        double d3 = XProduct(l2.s,l1.s,l1.e);
        double d4 = XProduct(l2.e,l1.s,l1.e);
        if(d1 * d2 < 0 && d3 * d4 < 0)                  //跨立试验
            return true;
        if(fabs(d1)< INF&&InBox(l1.s,l2))               //点 l1.s 落在线段 l2 上
            return true;
        else if(fabs(d2)< INF&&InBox(l1.e,l2))          //点 l1.e 落在线段 l2 上
            return true;
        else if(fabs(d3)< INF&&InBox(l2.s,l1))          //点 l2.s 落在线段 l1 上
            return true;
        else if(fabs(d4)< INF&&InBox(l2.e,l1))          //点 l2.e 落在线段 l1 上
            return true;
        return false;
    }
```

3.7 实验7 简单贪心算法求解背包问题

所谓贪心算法是指,在对问题求解时,总是做出在当前看来是最好的选择。也就是说,不从整体最优上加以考虑,所做出的仅是在某种意义上的局部最优解。贪心算法不是对所有问题都能得到整体最优解,但对范围相当广泛的许多问题,它能产生整体最优解或者是整体最优解的近似解。贪心算法的基本思路如下:

(1) 建立数学模型来描述问题。

(2) 把求解的问题分成若干个子问题。

(3) 对每一子问题求解,得到子问题的局部最优解。

(4) 把子问题的局部最优解合成原问题的一个整体解。

利用贪心策略解题,需要解决两个问题。

(1) 确定问题是否能用贪心策略求解。一般来说,适用于贪心策略求解的问题具有以下特点。

- 可通过局部的贪心选择来达到问题的全局最优解。运用贪心策略解题,一般来说需要进行多次的贪心选择。在经过一次贪心选择之后,原问题将变成一个相似,但规模更小的问题,以后的每一步都是当前看似最佳的选择,且每一个选择都仅做一次。

- 原问题的最优解包含子问题的最优解,即问题具有最优子结构的性质。在以下所述的背包问题中,第一次选择单位质量最大的货物,它是第一个子问题的最优解,第二

124

次选择剩下的货物中单位质量价值最大的货物,同样是第二个子问题的最优解,以此类推。

(2) 如何选择一个贪心标准? 正确的贪心标准可以得到问题的最优解,在确定采用贪心策略解决问题时,不能随意地判断贪心标准是否正确,尤其不要被表面上看似正确的贪心标准所迷惑。在得出贪心标准之后应给予严格的数学证明。

贪心问题一般都需要先排序,以下用贪心算法来解决背包问题。

【TOJ2670：Knapsack Problem】

题目描述

给定 n 种物品和一个背包。物品 i 的质量是 W_i,其价值为 V_i,背包的容量为 C。应如何选择装入背包的物品,才能使装入背包中物品的总价值最大? 在选择物品 i 装入背包时,可以选择物品 i 的一部分,而不一定要全部装入背包($1 \leqslant i \leqslant n$)。

编程任务:对给定的 n 种物品和一个背包容量 C,编程计算装入背包中物品的最大总价值。

输入描述

输入由多组测试数据组成。每组测试数据输入的第一行中有 2 个正整数 n 和 C。正整数 n 是物品个数;正整数 C 是背包的容量。接下来的 2 行中,第一行有 n 个正整数,分别表示 n 个物品的质量,它们之间用空格分隔;第二行有 n 个正整数,分别表示 n 个物品的价值,它们之间用空格分隔。

输出描述

对应每组输入,输出的每行是计算出的装入背包中最大的物品总价值,保留一位有效数字。

样例输入	样例输出
3 50	240.0
10 20 30	
60 100 120	

题目分析

你可以想象自己背着一个背包发现了一个装有宝藏的房间,有很多的金沙、银沙和铜沙,你希望装到包里的价值越大越好,此时因为贪心必然会先装完金沙。此时问题变成了一个更小的子问题,房间里只剩下银沙和铜沙,你的背包还能装得下物体,希望能够装得越多越好。此时你必然选择银沙,但可能背包装满了无法再装后面的宝贝了,那只能赶紧离开。

背包问题的特点是,物品在装入背包时,可以选择一部分来装入,因此也称为部分背包问题。使用贪心法解背包问题的基本思想是:将 n 件物品的价值/质量比求出(价值/质量比,也就是单位质量物品的价值),然后按照从大到小排序。装入时先从价值/质量比最大的物品开始装入,直到某一件物品不能全部装入背包时,停止装入。而要对最后一件不能全部装入的物品进行部分装入,将背包装满,总价值达到最大。如果全部的物品都能装入背包,那得到的肯定也是最优解,这是一种特殊的情况。其实,基于贪心算法思想,最重要的是该问题能够得到最优解的证明过程,可以参考相关文献。算法的实现如下:

```
struct Goods
{
    int w,p;
    double r;                        //价值/质量比
};
//贪心法求解背包问题,a 数组已经按照价值/质量比从大到小排序,volume 为背包容量
double Greedy_Package(Goods a[ ], int n, int volume)
{
    int i;
    double res = 0.0;
    for(i = 0;i < n;i++)
    {
        if(volume >= a[i].w)   //如果能装下该物品,则全部装入
        {
            volume -= a[i].w;
            res += a[i].p;
        }
        else                    //不能完全装下,则装入一部分,直到装满背包
        {
            res += volume * a[i].r;
            break;
        }
    }
    return res;
}
```

3.8 实验 8 简单动态规划求解 0~1 背包问题

动态规划问世以来,在经济管理、生产调度、工程技术和最优控制等方面得到了广泛的应用。例如最短路径、库存管理、资源分配、设备更新、排序、装载等问题,用动态规划方法比用其他方法求解更为方便。

动态规划程序设计是对解最优化问题的一种途径、一种方法,而不是一种特殊算法。不像数值计算那样,具有一个标准的数学表达式和明确清晰的解题方法。动态规划程序设计往往是针对一种最优化问题,由于各种问题的性质不同,确定最优解的条件也互不相同,因而动态规划的设计方法对不同的问题有各具特色的解题方法,而不存在一种万能的动态规划算法,可以解决各类最优化问题。因此读者在学习时,除了要对基本概念和方法正确理解外,必须具体问题具体分析处理,以丰富的想象力去建立模型,用创造性的技巧去求解。也可以通过对若干有代表性的问题的动态规划算法进行分析、讨论,逐渐学会并掌握这一设计方法。

在现实生活中,有一类活动的过程,由于它的特殊性,可将过程分成若干个互相联系的阶段,在它的每一阶段都需要做出决策,从而使整个过程达到最好的活动效果。当然,各个阶段决策的选取不是任意确定的,它依赖于当前面临的状态,又影响以后的发展,当各个阶

段决策确定后,就组成一个决策序列,因而也就确定了整个过程的一条活动路线,这种把一个问题看作一个前后关联具有链状结构的多阶段过程称为多阶段决策过程,这种问题称为多阶段决策问题。如图 3-9 所示,从 $A \sim E$ 共分为 4 个阶段。

(1) 第一阶段从 A 到 B:A 为起点,B 阶段有 3 个终点为 B_1、B_2、B_3。

(2) 第二阶段从 B 到 C:C 阶段有 3 个终点为 C_1、C_2、C_3。

(3) 第三阶段从 C 到 D:D 阶段有 2 个终点为 D_1、D_2。

(4) 第四阶段从 D 到 E:E 为终点。

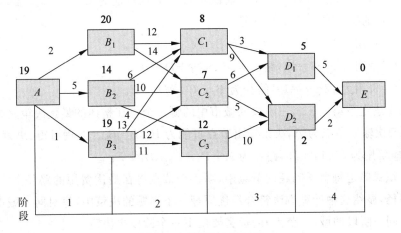

图 3-9 多阶段决策过程

除起点 A 和终点 E 外,其他各点既是上一阶段的终点又是下一阶段的起点。例如从 A 到 B 的第一阶段中,A 为起点,终点有 B_1、B_2、B_3 三个,因而这时走的路线有三种选择,一是走到 B_1,二是走到 B_2,三是走到 B_3。若选择 B_2 的决策,B_2 就是第一阶段在决策之下的结果,它既是第一阶段路线的终点,又是第二阶段路线的始点。在第二阶段,再从 B_2 点出发,对于 B_2 点就有一个可供选择的终点集合(C_1,C_2,C_3);若选择由 B_2 走至 C_2 为第二阶段的决策,则 C_2 就是第二阶段的终点,同时又是第三阶段的始点。同理递推下去,可看到各个阶段的决策不同,线路就不同。很明显,当某阶段的起点给定时,它直接影响着后面各阶段的行进路线和整个路线的长短,而后面各阶段的路线的发展不受这点以前各阶段的影响。故此问题的要求是:在各个阶段选取一个恰当的决策,使由这些决策组成的一个决策序列所决定的一条路线,其总路程最短。如何解决这个问题呢?

方法一:用枚举法。

把所有由 $A \rightarrow E$ 可能的每一条路线的距离算出来,然后互相比较,找出最短者,相应地得出了最短路线。很显然,路径很多,需要的计算很繁杂。

方法二:用动态规划法求解,决策过程如下。

(1) 由目标状态 E 向前推,可以分成四个阶段,即四个子问题,图 3-9 中已经标出。

(2) 策略:每个阶段到 E 的最省费用为本阶段的决策路径。

(3) D_1、D_2 是第一次输入的节点。它们到 E 都只有一种费用,在 D_1 框上面标 5,D_2 框上面标 2。目前无法定下,哪一个点将在全程最优策略的路径上。第二阶段计算中,5、2 都应分别参加计算。

(4) C_1、C_2、C_3 是第二次输入节点,它们到 D_1、D_2 各有两种费用。此时应计算 C_1、C_2、

127

C_3 分别到 E 的最少费用。

C_1 的决策路径是 $\min\{(C_1D_1),(C_1D_2)\}$。计算结果是 C_1+D_1+E，在 C_1 框上面标为 8。

同理，C_2 的决策路径计算结果是 C_2+D_2+E，在 C_2 框上面标为 7。

同理，C_3 的决策路径计算结果是 C_3+D_2+E，在 C_3 框上面标为 12。

此时也无法定下第一、二阶段的城市中哪两个将在整体的最优决策路径上。

（5）第三次输入节点为 B_1、B_2、B_3，而决策输出节点可能为 C_1、C_2、C_3。仿前面的计算可得 B_1、B_2、B_3 的决策路径为如下情况。

B_1：B_1C_1 费用为 $12+8=20$，路径为 $B_1+C_1+D_1+E$。

B_2：B_2C_1 费用为 $6+8=14$，路径为 $B_2+C_1+D_1+E$。

B_3：B_2C_2 费用为 $12+7=19$，路径为 $B_3+C_2+D_2+E$。

此时也无法定下第一、二、三阶段的城市中的哪三个将在整体的最优决策路径上。

（6）第四次输入节点为 A，决策输出节点可能为 B_1、B_2、B_3。同理可得，决策路径如下。

A：AB_2 费用为 $5+14=19$，路径为 $A+B_2+C_1+D_1+E$。

此时才正式确定每个子问题的节点中，哪一个节点将在最优费用的路径上。19 即为最终的最短路径，显然这种计算方法符合最优原理。子问题的决策中，只对同一城市（节点）比较优劣。而同一阶段的城市（节点）的优劣要由下一个阶段去决定。

动态规划的最优化原理是："作为整个过程的最优策略具有这样的性质：无论过去的状态和决策如何，对前面的决策所形成的状态而言，余下的诸决策必须构成最优策略。"

与穷举法相比，动态规划的方法有两个明显的优点。

（1）大大减少了计算量。

（2）丰富了计算结果。

从上例的求解结果中，不仅得到由 A 点出发到终点 E 的最短路线及最短距离，而且还得到了从所有各中间点到终点的最短路线及最短距离，这对许多实际问题来讲是很有用的。

动态规划适用的条件如下。

（1）最优化原理（最优子结构性质）：一个最优化策略具有这样的性质，不论过去状态和决策如何，对前面的决策所形成的状态而言，余下的诸决策必须构成最优策略。简而言之，一个最优化策略的子策略总是最优的。一个问题满足最优化原理又称其具有最优子结构性质。

（2）无后效性：将各阶段按照一定的次序排列好之后，对某个给定的阶段状态，它以前各阶段的状态无法直接影响它未来的决策，而只能通过当前的这个状态。换句话说，每个状态都是过去历史的一个完整总结。这就是无后向性，又称为无后效性。

（3）子问题的重叠性：动态规划将原来具有指数级复杂度的搜索算法改进成了具有多项式时间的算法。其中的关键在于解决冗余，这是动态规划算法的根本目的。如在求斐波那契数时，如果采用递归解法，求 $F(5)=F(4)+F(3)=[F(3)+F(2)]+[F(2)+F(1)]$，可以发现 $F(2)$ 的计算有 2 次，而 $F(6)=F(5)+F(4)$，与 $F(5)$ 和 $F(4)$ 的求解有很多重叠性，更大的斐波那契数，中间的重叠问题求解冗余更大。

斐波那契序列：1 1 2 3 5 8 13 21 34…

动态规划存储了中间值，减少了冗余，实质上是一种以空间换时间的技术，它在实现的过程中不得不存储产生过程中的各种状态，所以它的空间复杂度要大于其他的算法。以下通过动态规划来解决 0～1 背包问题。

【TOJ2671：01-Package】

题目描述

给定一个背包的容量 k，给定 n 个物品的体积和价值，物品不可分割，将 n 个物品中选若干个物品放入背包，求背包内物品的最大价值总和，在价值总和最大的前提下求背包内的最小物品个数 c。

输入描述

第一行是一个整数 t，表示测试数据的组数 t。对每组测试数据，第一行是两个整数 n 和 k，表示物品的个数和背包的容量；接下来 n 行，每行两个整数，分别是物品的价值和体积。所有整数都不超过 1000。

输出描述

输出背包内物品的最大价值 v，在价值最大的前提下求背包内的最小物品个数 c，中间用一个空格隔开。

样例输入	样例输出
1	10 1
3 10	
4 5	
6 5	
10 10	

题目分析

在部分背包问题中，可以将某件物品的一部分装入背包，但在 0～1 背包问题中，一件物品要么选择完全装入，要么选择完全不装入，因此 0～1 背包问题实际上是背包问题的一个离散模型。使用贪心算法无法得到最优解，如本题的以下数据：

3　5
9　5
7　3
8　2

该数据表明一共有 3 件物品，背包容量为 5，物品 1 价值为 9，占用容量为 5；物品 2 价值为 7，占用物品容量为 3；物品 3 价值为 8，占用容量为 2。如果使用贪心法：每次选择价值最大的，因此选择 9 放入，背包容量剩下 $5-5=0$，不能再放入其他物品，最终价值为 9。

背包的问题的模型可以规约为求 $\sum_{i=1}^{n} p_i x_i$ 的最大值问题，约束条件为 $\sum_{i=1}^{n} w_i x_i < C$，其中 x_i 表示 0 或者 1，表示第 i 件物品选择或者不选择，p_i、w_i 表示第 i 件物品的价值和容

量，C 是背包的容量。如果使用枚举法，n 件物品的选择与不选择共有 2^n 中状态组合，即呈指数级增长，因此当 n 稍大时就不可承受。将每件物品的选择和不选择使用决策树表达出来如图 3-10 所示。其中每个节点的值 (i, L, V) 中，i 表示物品的索引（此处索引下标从 0 开始），L 表示当前的背包剩余容量为 L，V 表示当前获得的价值。X_i 表示第 i 件物品选（值为 1）或者不选（值为 0）。采用逆推的方法，在没有选择之前，背包容量剩余 5，当前价值为 0。如果第 2 件物品不选，背包容量和价值不变，因此节点值为 $(1, 5, 0)$；如果第 2 件物品选择放入，则当前剩余背包容量为 $5-2=3$，当前价值为 8，因此节点值为 $(1, 3, 8)$。以此类推，便得到图中的决策树。其中最优的方案是 $(0, 0, 15)$ 节点值，即需要将后两个物品装入背包，得到的最大价值为 15，背包刚好装满。

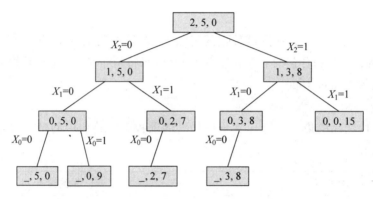

图 3-10 0～1 背包问题的决策树

根据决策树，可以写出求解背包问题的一个递归算法。

```c
int maxVal(int * V, int * W, int N, int maxW)
{
    if(N < 0)                          //已经判断完所有物品
        return 0;
    if(maxW >= W[N-1])
                        //背包容量够装某个物品,则从装该物品和不装物品中选择最优
    {
        int left = maxVal(V,W,N-1,maxW);    //不装,剩余容量不变
        int right = maxVal(V,W,N-1,maxW-W[N-1]) + V[N-1];
                        //装入,更新价值和剩余容量
        return left > right ? left: right;
    }
    return maxVal(V,W,N-1,maxW);//背包容量不够,不能装入该物品
}
```

递归的算法由于存在大量重叠子问题的求解，因此效率较低，可以在计算过程中将中间结果进行缓存，以空间换取时间效率，改进的算法如下：

```
int temp[N+1][maxW+1];                          //缓存,初始化为-1,表示没有缓存值
int maxVal1(int * V, int * W, int N, int maxW)
{
    if(N<1)                                     //初始值
    {
        temp[N][maxW] = 0;
        return temp[N][maxW];
    }
    if(temp[N][maxW] != -1)                     //如果已经存在缓存值,则直接返回结果
        return temp[N][maxW];
    if(maxW >= W[N-1]) {
        int left = maxVal1(V,W,N-1,maxW-W[N-1]) + V[N-1];
        int right = maxVal1(V,W,N-1,maxW);
        temp[N][maxW] = left > right ? left:right;   //缓存结果
        return temp[N][maxW];
    }
    temp[N][maxW] = maxVal1(V,W,N-1,maxW);       //缓存结果
    return temp[N][maxW];
}
```

非递归的实现如下:

```
int maxValue(int * V, int * W, int N, int maxW){
    int * * temp = new int * [N+1];
    int i,j;
    for(i=0; i<=N; i++){
        temp[i] = new int[maxW+1];
        temp[i][0] = 0;
    }
    for(i=0; i<=maxW; i++)
        temp[0][i] = 0;
    for(i=1; i<= N; i++)
        for(j=1; j<=maxW; j++)
        {
            if(j>= W[i-1] && (temp[i-1][j-W[i-1]] + V[i-1]) > temp[i-1][j])
                temp[i][j] = temp[i-1][j-W[i-1]] + V[i-1];
            else
                temp[i][j] = temp[i-1][j];
        }
    return temp[N][maxW];
}
```

在空间上还可以进一步优化,请自行参考相关资料。

3.9 实验 9 搜索算法求解迷宫问题

搜索算法是利用计算机的高性能来有目的地穷举一个问题解空间的部分或所有的可能情况,从而求出问题的解的一种方法。

搜索算法实际上是根据初始条件和扩展规则构造一棵"解答树"并寻找符合目标状态的节点的过程,这样形成的一棵树叫搜索树。初始状态对应着根节点,目标状态对应着目标节点。排在前的节点叫父节点,其后的节点叫子节点,同一层中的节点是兄弟节点,由父节点产生子节点的过程叫扩展。完成搜索的过程就是找到一条从根节点到目标节点的路径,找出一个最优的解。

通常可以有两种不同的实现方法,即深度优先搜索(Depth First Search,DFS)和广度优先搜索(Breadth First Search,BFS)。

3.9.1 深度优先搜索

深度优先搜索所遵循的搜索策略是尽可能"深"地搜索树。它的基本思想是:为了求得问题的解,先选择某一种可能情况向前(子节点)探索,在探索过程中,一旦发现原来的选择不符合要求,就回溯至父节点重新选择另一节点,继续向前探索,如此反复进行,直至求得最优解。深度优先搜索的实现方式可以采用递归或者栈来实现。

【TOJ3095:玉树搜救行动】

题目描述

自从玉树受灾以来,有关部门一直在现场抢救落难的人。他们用各种方法搜救,用上了搜救狗,有了搜救狗找到生命迹象就容易了。假设现场用一个矩阵表示,抢救的有多条搜救狗,受灾的人也有多个可能。例如:

♯p.d♯p♯

♯♯♯♯♯.♯

d××××.♯

♯♯♯♯♯♯p

d 表示搜救狗,p 表示受灾的人,小点表示可以通行的路,♯表示石头挡住的路,不能通行。搜救狗只能上下左右走,不能越过障碍物。

上面的那个例子最多可以救到 2 个人。因为第三个人被四周包围,搜救狗无法到达。

输入描述

输入数据有多组。每组为两个整数 R、C,$2 \leqslant R,C \leqslant 100$,$R$ 表示矩阵的行数,C 表示矩阵的列数,然后输入相应矩阵,矩阵保证有搜救狗和受灾的人。当输入 $R=0$ 且 $C=0$ 时,输入结束。

输出描述

输出搜救狗最多能救多少受灾的人的数量。

样例输入	样例输出
4 7 ♯p. d♯p♯ ♯♯♯♯♯. ♯ d×××. ♯ ♯♯♯♯♯♯p 0 0	2

题目分析

要搜索到被救的人数，需要从所有标志为 d 的节点（即搜救狗所在的节点）出发搜索每个节点的上、下、左、右四个方向，由于数据规模不大，可以采用递归形式的深度优先搜索算法求解。注意由于搜索过程中存在"回溯"的过程，需要标记访问过的节点，此处可以直接将标记改为♯，表示该节点不再处理。

（1）遇到标志为 p 的节点（即人所在的位置）时计数器加 1。

（2）遇到♯或者到达边界，不再递归而直接返回。

（3）需要标记访问过的节点，以免重复搜索，此处可以将其修改为♯。

```c
#include <stdio.h>
int dir[4][2] = {{0,1}, {0,-1}, {-1,0}, {1,0}}, r, c, count = 0;
char map[101][101];
void dfs(int x, int y){
    if(map[x][y] == '#' || x < 0 || x >= r || y < 0 || y >= c)      //边界判断
        return;
    if(map[x][y] == 'p')                                            //人的位置
        count++;
    map[x][y] = '#';                                               //标记搜索过
    int i;
    for(i = 0; i < 4; i++)                                          //向四个方向搜索
        dfs(x + dir[i][0], y + dir[i][1]);
}
int main(){
    int i, j;
    while (scanf("%d%d", &r, &c), r || c){
        count = 0;
        for(i = 0; i < r; i++)
            scanf("%s", map[i]);
        for(i = 0; i < r; i++){
            for(j = 0; j < c; j++){
                if(map[i][j] == 'd')
                    dfs(i, j);
            }
        }
        printf("%d\n", count);
    }
    return 0;
}
```

3.9.2 广度优先搜索

广度优先搜索的过程为：首先访问初始点 Vi，并将其标记为已访问过；接着访问 Vi 的所有未被访问过可到达的邻接点 Vi_1、Vi_2、…、Vi_t，并均标记为已访问过；然后再按照 Vi_1、Vi_2、…、Vi_t 的次序，访问每一个顶点的所有未被访问过的邻接点，并均标记为已访问过。以此类推，直到图中所有和初始点 Vi 有路径相通的顶点都被访问过为止。以下使用深度优先搜索算法求解迷宫问题。

【TOJ1133：Knight Moves】

题目描述

在一个 8×8 的棋盘上，有 2 个方格 a 和 b，问"马"从 a 走到 b 至少需要多少次移位（马走日字），如图 3-11 所示。

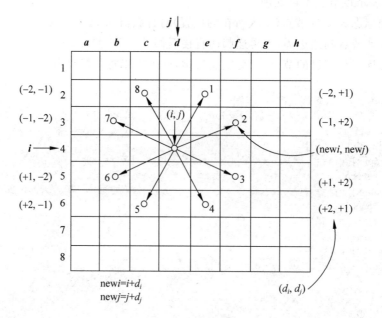

图 3-11 马的移位

输入描述

输入数据有多组，每组数据包含 2 个字符：一个字母和一个数字，字母（$a \sim h$）代表棋盘中的列标，数字（$1 \sim 8$）代表棋盘中的行号。

输出描述

每组输出信息：

To get from xx to yy takes n knight moves.

其中，xx 和 yy 为马的起始位置；n 为最少的移位次数。

样例输入	样例输出
e2 e4	To get from e2 to e4 takes 2 knight moves.
a1 b2	To get from a1 to b2 takes 4 knight moves.
b2 c3	To get from b2 to c3 takes 2 knight moves.
a1 h8	To get from a1 to h8 takes 6 knight moves.
a1 h7	To get from a1 to h7 takes 5 knight moves.
h8 a1	To get from h8 to a1 takes 6 knight moves.
b1 c3	To get from b1 to c3 takes 1 knight moves.
f6 f6	To get from f6 to f6 takes 0 knight moves.

 题目分析

　　因为题目要寻找的是从一个格子到另一个格子的最少步数,因此使用广度优先搜索算法非常合适,因为广度搜索类似于按层次搜索,每多一层相当于步数增加一步,只要在某一层中含有目标格子,即当第一次搜到目标格子时,"马"所跳的步数即为最少步数。因此需要为每个格子增加一个变量用于记录步数。广度优先搜索算法采用一个队列(一种首先的数组,先进先出),队列的实现可以使用数组下标 head 和 tail 来控制,初始情况下均为 0,head++表示出队列,tail++表示入队列。

 参考程序

```
# include < stdio. h>
# include < string. h>
# define MAXN 9
# define MAXNM 64
struct POINT{
    int x,y;
};
int count[MAXN][MAXN];              //记录每个点的步数
int dir[8][2] = {2,1,2, -1,1, -2, -1, -2, -2, -1, -2,1, -1,2,1,2};
POINT que[MAXNM];
POINT s,e;
void bfs()
{
    int head = 0,tail = 0;
    que[tail++] = s;                //将起点加入到队列
    while(head < tail)
    {
        POINT p = que[head++];      //每次循环有一个元素出队,用于判断
        if(p. x == e. x && p. y == e. y)   //找到目标格子,返回
            return;
        for( int i = 0;i < 8;i++)    //往 8 个方向搜索
```

135

```
            {
                POINT t;
                t.x = p.x + dir[i][0];                    //下一个格子
                t.y = p.y + dir[i][1];
                if(t.x >= 1&&t.x <= 8&&t.y >= 1&&t.y <= 8&&count[t.x][t.y] == -1)//有效格子
                {
                    count[t.x][t.y] = count[p.x][p.y] + 1;    //步数加 1
                    que[tail++] = t;                          //入队列
                }
            }
        }
}
int main()
{
    char s1[3], s2[3];
    while(scanf(" % s  % s\n", s1, s2)!= EOF)
    {
        s.x = s1[0] - 'a' + 1;
        s.y = s1[1] - '0';
        e.x = s2[0] - 'a' + 1;
        e.y = s2[1] - '0';

        memset(count, -1, sizeof(count));
        count[s.x][s.y] = 0;                          //初始化 0 步
        bfs();
        printf("To get from % s to % s takes % d knight moves.\n", s1, s2, count[e.x][e.y]);
    }
    return 0;
}
```

3.10   实验 10   字典树

字典树(见图 3-12)又称单词查找树,是一种树形结构,是一种哈希树的变种。典型应用是用于统计,排序和保存大量的字符串(但不仅限于字符串),所以经常被搜索引擎系统用于文本中词汇出现频率统计。它的优点是:利用字符串的公共前缀来节约存储空间,最大限度地减少无谓的字符串比较,查询效率比哈希表高。

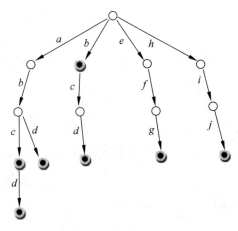

图 3-12 字典树示意图

字典树的特点是根节点不包含字符,除根节点外每一个节点都只包含一个字符。从根节点到某一节点路径上经过的字符连接起来,为该节点对应的字符串。每个节点的所有子节点包含的字符都不相同。以下使用字典树解决字符串统计问题。

【TOJ1238:统计难题】

题目描述

统计出以某个字符串为前缀的单词数量(单词本身也是自己的前缀)。

输入描述

输入数据的第一部分是一张单词表,每行一个单词,单词的长度不超过 10,它们代表的是老师交给 Ignatius 统计的单词,一个空行代表单词表的结束。第二部分是一连串的提问,每行一个提问,每个提问都是一个字符串。

注意:本题只有一组测试数据,处理到文件结束。

输出描述

对于每个提问,给出以该字符串为前缀的单词的数量。

样例输入	样例输出
banana	2
band	3
bee	1
absolute	0
acm	
ba	
b	
band	
abc	

参考程序

```c
#include <stdio.h>
#include <string.h>
#include <stdlib.h>
typedef struct Node
{
    int num;                            //子节点个数
    Node * next[26];                    //26 个子节点
}node;
void InitNode(Node * node)
{
    node->num = 0;
    for(int i = 0;i<26;i++)
        node->next[i] = NULL;           //初始化很重要
}
Node * CreateTriTree()
{
    //获取词汇表
    char words[12], *t;
    Node *p;
    Node * root = (Node * )malloc(sizeof(Node));
    InitNode(root);
    while(gets(words)&&strlen(words)>0)  //获取每个词汇并加入字典树中,直到遇到回车符
    {
        p = root;                       //当前节点
        t = words;
        while( * t!= '\0')              //每增加一个字符,都会使得某个节点 num 加 1
        {
            if(p->next[ * t - 'a'] == NULL)//不存在的节点,要先创建出来
            {
                p->next[ * t - 'a'] = (Node * )malloc(sizeof(Node));
                InitNode(p->next[ * t - 'a']);
            }
            p = p->next[ * t - 'a']; //当前节点进入树的下一层
            p->num++;                   //从根到当前节点的字符串为前缀的单词数增加了 1 个
            t++;                        //下一个字符
        }
    }
    return root;
}
int main()
{
    char words[12], *t;
    int res = 0;
    Node * root = CreateTriTree(), *p;
```

```
        while(gets(words))
        {
            p = root;
            t = words;
            while( * t!= '\0')
            {
                if(p->next[ * t - 'a'] == NULL)      //词汇表中没有的字符,个数肯定为 0
                {
                    res = 0;
                    break;
                }
                p = p->next[ * t - 'a'];
                res = p->num;
                t++;
            }
            printf(" % d\n",res);
        }
        return 0;
}
```

3.11　算法入门习题

【TOJ4348：Sum of Primes】

求 $1 \sim N (2 \leqslant N \leqslant 100000)$ 中所有素数之和,用素数筛选法求解。

【TOJ3151：H1N1's Problem】

计算 $a \wedge (b \wedge c) \% 317000011$ 的值,根据同余性质,先求解 $d = b \wedge c \% 317000011$,再求解 $a \wedge d \% 317000011$。求解时采用快速幂方法求解,即对 c 分奇偶讨论,递归调用。

(1) 若为偶数: $b \wedge c \% 317000011 = [b \wedge (c/2) \% 317000011] * [b \wedge (c/2) \% 317000011] \% 317000011$。

(2) 若为奇数: $b \wedge c \% 317000011 = [b \wedge (c/2) \% 317000011] * [b \wedge (c/2) \% 317000011] * b \% 317000011$。

【TOJ2931：Raising Modulo Numbers】

计算 $(A_1^{B1} + A_2^{B2} + \cdots + A_H^{BH}) \bmod M$ 的值。如 TOJ3151,采用快速幂求解即可。

【TOJ1297：大数求余】

一个大数(不超过 1000 位)对一个不大于 100000 的整数求余,根据同余性质求解。

如 $A = 123 \% B = (100 * 1 + 2 * 10 + 3) \% B = (10 * (10 * 1 + 2) + 3) \% B = (10 * (10 * (10 * 0 + 1) + 2) + 3) \% B$,由此得到递推式,算法步骤如下:

(1) $r = 0, i = 0$,设 A 的位数为 N。

(2) 若 $i < N$,则 $r = (r * 10 + A_i) \% B$,其中 A_i 表示 A 中从高位到低位的第 i 个数字,否则转步骤(4)。

(3) $i++$,转步骤(2)。

（4）输出 r 的值。

【TOJ1015：Simple Arithmetics】

大数相加、相减、相乘问题，用数组模拟。

【TOJ3582：图书馆查询系统】

因为书名已经排序，所以采用字符串形式的二分查找即可。

【TOJ3152：稳定排序】

可以根据某些排序（如冒泡排序）是"稳定的"特点先进行排序，再将其他排序的结果与"稳定的"排序结果进行比较，确定该排序方法是否稳定。

【TOJ1314：题库重整】

可以先排序后再统计重复题目以及其数目，由于题库总量达到 10000，冒泡排序一般会超时。

【TOJ1523：Intersecting Lines】

判断两条直线重合、相交或平行，适当修改"线段相交"判断方法即可。

【TOJ1327：You can Solve a Geometry Problem too】

计算线段相交的次数（同一交点可以被统计多次），实际上还是判断线段相交问题。

【TOJ1879：Intersection】

给定轴平行的矩形和一条线段，判断线段和矩形是否相交（此处相交是指是否有覆盖公共区域，比如线段在矩形内也算相交）。因此相交的条件是：线段有端点在矩形内，或者两端点都在矩形外且与矩形某条边相交。

【TOJ3244：Happy YuYu's Birthday】

给定圆上的三个点 p_1、p_2、p_3，组成三角形将圆面积分为 4 个部分，分别计算各个部分的面积，判断三角形是否面积最大内且包含了另外一个点 p。

【TOJ2560：Geometric Shapes】

给定若干种形状，判断各个形状与其他哪些形状有交点。根据题意，这些形状其实都是多边形的一种，可以统一用多边形来表示，这样判断相交问题就转化成了多边形与多边形是否相交问题（实际上还是线段相交问题）。

【TOJ1891：Reflections】

给定若干个球和一条光线，光线碰到球体会反弹，判断光线最终与哪些球体有碰撞。

【TOJ1199：Area】

判断一些首尾相接的线段是否能够组成一个多边形（凸的或者凹的），如果是则求出面积。要判断是否组成多边形，需要判断线段与非相邻边是否有相交，若有相交则不能构成多边形。

【TOJ1100：Home Work】

一张试卷可以完成一部分，因此属于部分背包问题，用贪心法解决。

【TOJ2673：最优装载】

属于贪心问题，先根据集装箱质量从小到大排序，每次选取一个最大值，如果不能装下就结束统计。

【TOJ1304：FatMouse' Trade】

属于贪心问题，先按 $J[i]/F[i]$ 升序排序，每次选取 $J[i]/F[i]$ 的最大值，如果不能取满

$J[i]$,则只取一部分。

【TOJ3096：穿越通道】

简单动态规划问题,用 $DP[i][j]$ 表示从入口到方格 $a[i][j]$ 所需的最短时间,则状态方程:$DP[i][j] = a[i][j] + \max(DP[i-1][j], DP[i][j-1])$。应注意初始值问题。

【TOJ1331：Give me an offer!】

$0\sim1$ 背包问题,用动态规划解决,把总费用看作背包容量,申请费用看作每个背包的质量,价值为至少有一份 offer 的概率,状态转移方程为:

$$DP[j] = \max(DP[j], 1-(1-DP[j-a[i].val])*(1-a[i].p))$$

【TOJ2799：Counting Sheep】

给定"♯"表示羊,"."表示空地,相邻的(水平和垂直方向)羊组成一个羊群,问有多少个羊群?

可用深度搜索,从每个未曾访问的点(值为"♯"字符)出发向四个方向做深度搜索,访问过的点一律改为"."字符。

【TOJ1334：Oil Deposits】

给定一个方格表示油田,"@"表示油槽,"＊"表示空地,相邻(水平、垂直、对角线八个方向)的油槽构成一个油矿,问有多少个油矿?

与 TOJ2799 类似,从每个未曾访问的点(值为"@"字符)出发向八个方向做深度搜索,访问过的点一律改为"＊"字符。

【TOJ1707：Catch That Cow】

Farmer John 从一维坐标系上的 N 点到达 K 点最快需要几步,可以移动的方法有两种。

(1) 从 X 点可以移动一步到 $X-1$ 或者 $X+1$。

(2) 从 X 点可以移动到 $2X$ 点。

可以采用广度搜索解决,用数组元素 $Step[i]$ 表示到达 i 点的最小步数(初始 $Step[N]=0$),首先将 N 点送入队列,每取出队列中的一个值 X,依次计 $Next=X+1$,$Next=X-1$,$Next=2X$,并判断 $Next$ 的合法性(在范围之内并且未曾访问过)后送入队列,计算到达 $Next$ 点所需的步数即 $Step[Next] = Step[X]+1$,并将 $Next$ 标识为已访问。若 $Next=K$ 表示已经找到目标,则结束。

【TOJ3097：单词后缀】

对所有字符串逆序,类似于 TOJ1238 建立并查找字典树即可,此时已将后缀问题转化为前缀问题。

附录一　Visual C++ 6.0 常见编译或链接错误信息

序号	错误提示	原因分析
1	LIBCD. lib（crt0. obj）：error LNK2001：unresolved external symbol _main	可能没有 main 主函数，或许把 main 写成了 mian
2	LIBCD. lib(wincrt0. obj)：error LNK2001：unresolved external symbol _WinMain@16	可能创建 Visual C++工程时选择了 Win32 应用程序，而不是 Win32 Console 应用程序，可以重新创建工程，或者选择菜单命令 Project→ Setting→ Link，将/subsystem：windows 改为/subsystem：console
3	error C2084：function 'void __cdecl main (void)' already has a body	项目中存在多个 main 函数。你有可能创建了两个以上的源文件，每个文件中都有 main 函数
4	Compiling…，Error spawning cl. exe	安装过程中路径错误引起，可以选择菜单命令 Tools→ Options→Directories，修改 Excutable Files、Include Files、Library Files 等的路径
5	error C2065：'a'：undeclared identifier	变量名、函数名、常量名等标识符没有定义，需要在使用之前进行声明或者定义
6	error C2143：syntax error：missing '；' before…	语句尾部可能缺少分号
7	fatal error C1010：unexpected end of file while looking for precompiled header directive	创建工程时没有选择 An Empty Project，需要包含 stdafx. h 才能编译通过，不过建议重新创建一个工程
8	error C2086：'a'：redefinition	变量名 a 重复定义
9	error C2084：function 'void __cdecl f(void)' already has a body	函数有多个函数体，类似重复定义
10	error C2018：unknown character '0xa3'	语句中存在汉字或者中文标点符号，一般是由于复制代码所致
11	error C2051：case expression not constant	需要一个常量表达式，可能出现在 case 分支中或者数组的大小定义时，要求必须为常量
12	error C2106：' = '：left operand must be l-value	不能给常量赋值，可能赋值时左右顺序颠倒，或者错将比较运算符＝＝写成了赋值运算符＝
13	fatal error C1004：unexpected end of file found	可能大括号不匹配
14	error C2143：syntax error：missing '；' before '}'	可能大括号缺少分号，也可能大括号多了一个
15	error C2196：case value '1' already used	switch…case 语句中存在多个 case 1 分支

序号	错 误 提 示	原 因 分 析
16	error C2660：'f'：function does not take 1 parameters	函数 f 的参数个数不是 1 个
17	error C2664：'f'：cannot convert parameter 1 from 'char [2]' to 'int'	函数参数的类型不一致,无法进行自动转换
18	error C4716：'f'：must return a value	函数的返回类型不是 void,必须 return 返回某个值
19	error C2562：'f'：'void' function returning a value	函数的返回类型是 void,不能返回一个值
20	error LNK2001：unresolved external symbol "void __cdecl f(void)" (？f@@YAXXZ)	函数 f 只有声明语句,没有定义函数体
21	error C2078：too many initializers	可能数组初始化的元素个数大于指定大小
22	error C2043：illegal break	break 语句只能用于循环结构或者 switch…case 结构
23	fatal error C1083：Cannot open include file：'head. h'：No such file or directory	头文件或者目录不存在,需要仔细核对头文件名称是否有拼错
24	warning C4101：'a'：unreferenced local variable	此项只是为警告,告知定义的变量没有初始化,需要谨慎
25	warning C4700：local variable ' a ' used without having been initialized	变量没有初始化,但却使用了它,这虽然是警告,但很有可能是一个错误
26	warning C4172：returning address of local variable or temporary	这虽然是警告,但在函数内返回局部变量的地址往往是一个致命的错误

附录二 CFree 5.0 常见编译或链接错误信息

序号	错 误 提 示	原 因 分 析
1	程序没有提示错误,但弹出对话框提示"无法找到程序,您想手动定位这个程序吗?"	可能没有 main 主函数,或把 main 写成了 mian
2	error: ' a ' was not declared in this scope	变量名、函数名、常量名等标识符没有定义,需要在使用之前进行声明或者定义
3	error: expected ',' or ';' before...	语句尾部可能缺少逗号或分号
4	error: redeclaration of 'int a' error: 'int a' previously declared here	变量名或者函数名重复定义
5	error: stray '\187' in program	语句中存在汉字或者中文标点符号,一般是由于复制代码所致
6	error: 'b' cannot appear in a constant-expression	需要一个常量表达式,可能出现在 case 分支中或者数组的大小定义时,要求必须为常量
7	error: non-lvalue in assignment	不能给常量赋值,可能赋值时左右顺序颠倒,或者错将比较运算符"=="写成了赋值运算符"="
8	error: expected '}' at end of input	可能缺少大括号
9	error: duplicate case value	switch...case 语句中存在多个相同的 case 分支
10	error: too few(many) arguments to function '...'	函数 f 的参数个数太少或太多
11	error: invalid conversion from 'int' to 'char * '	无法进行自动转换,比如函数调用时实参和形参类型不匹配,或者赋值时两边类型不一致
12	error: return-statement with a value, in function returning 'void'	函数的返回类型是 void,不能返回一个值
13	undefined reference to '...'	函数 f 只有声明语句,没有定义函数体
14	error: too many initializers for 'int[5]'	数组初始化的元素个数可能大于指定大小
15	error: break statement not within loop or switch	break 语句只能用于循环结构或者 switch...case 结构
16	fatal error C1083: Cannot open include file: 'head. h': No such file or directory	头文件或者目录不存在,需要仔细核对头文件名称是否有拼错